118개 원소
신비한 물질 탐험 이야기

신비한 물질
탐험 이야기

연금술에서부터 신소재 물질까지

이화 그림 | 정완상 글

성림주니어북

과학적 상상력을
마음껏 펼쳐 보세요!

여러분, '과학적 상상력'이라는 말을 들어 보셨나요? 정확하고 논리적으로 증명하는 것을 바탕으로 하는 과학적 사고와 실제로 경험하지 못한 것을 꿈꾸는 상상적 사고를 합친 '과학적 상상력'이라는 말이 이상하고 모순된다고 생각하시나요? 그런데 이러한 '과학적 상상력'이 우리를 둘러싼 물질의 비밀을 밝히고 새로운 물질을 발명할 수 있게 한 힘이랍니다.

과학자의 과학 활동은 '추측'에서 시작합니다. 과학자는 우리 주변에서 일어나는 과학 현상을 관찰한 뒤, 그 원리들에 대해 추측을 해요. 예를 들어, '공기 중에는 다양한 기체가 섞여 있을 거야.' 혹은 '열은 온도가 높은 곳에서 낮은 곳으로 이동할 거야.'처럼 말이지요. 이런 과학자의 추측을 '가설假說'이라고 해요. 과학자는 상상적 사고를 통해 가설을 만들고, 설정한 가설이 진짜인지 아닌지를 실험과 과학적 사고를 통해 밝혀 내지요. 그러니 과학자의 과학 활동은 '상상력'에서 시작한다고 볼 수 있어요.

과학자들은 사물을 눈에 보이는 형상, 즉 생김새만으로 파악하지 않았어요. 사물을 이루고 있는 물질들의 특성에 대해 생각했지요. 그래서 바닷가에서 주운 조개껍데기가 어떤 물질로 이루어졌는지를 상상했고, 이 물질이 다른 물질과 결합하면 어떤 변화가 생기는지를 알고자 했어요.

또 온도에 따라 얼음이 되기도 하고, 수증기가 되기도 하는 물의 비밀을 밝히려고 했지요. 그 결과, 물질을 이루는 가장 작은 단위인 '원소'를 찾아냈고, 온도에 따른 물질의 상태가 변한다는 것도 알게 되었으며, 물질 간의 화학 작용의 원리를 밝힐 수 있었어요. 더 나아가 깨지지 않고 가벼우면서도 모양 변형이 쉬운 '플라스틱'과 '고무', 가볍고 견고하고 열을 잘 전달하는 '알루미늄' 같은 새로운 소재도 발명할 수 있었지요. 이 모든 물질의 비밀을 밝힐 수 있었던 것은 과학자의 상상력 때문이었어요.

인간은 보이는 것이나 경험한 것에만 얽매이지 않고, 보이지 않는 것과 경험하지 않은 것도 꿈꾸고 상상할 수 있는 존재예요. 여러분은《118개 원소 신비한 물질 탐험 이야기》를 통해 물질의 신비를 마음껏 상상했던 과학자들을 만나게 될 거예요. 이 책과 함께 과학자들의 물질 탐험에 기꺼이 동행하기를 바랍니다. 그리하여 아직 일어나지 않은 일, 일어날 것 같지 않은 일을 상상하면서 여러분의 과학적 상상력을 마음껏 펼쳐보기를 추천합니다.

조치원대동초등학교 교사 이운영

과학에 대해 스스로 알아 가는
즐거움을 찾아 보세요

   이 책을 쓰면서 정말 행복했습니다. 오랫동안 어린이들을 위한 과학 책을 써 오면서 이번만큼 자유롭고 즐겁게 집필한 경험은 처음인 것 같습니다. 이 책은 우주에 대해 처음 관심을 갖는 초등학생에게 초점을 맞추었습니다. 이 책의 가장 큰 특징은 형식을 조금 파괴하더라도, 재밌고 쉽게 읽을 수 있다는 것입니다. 마치 단톡방에서 채팅하는 것 같은 느낌을 주려고 채팅 형식을 사용했습니다.

   저는 1998년부터 2002년까지 유행했던 세이클럽이라는 인터넷사이트(여러분의 엄마, 아빠에게 물어보세요.)에서 매일 과학 방을 만들어 세 명 정도의 어린이들과 원자, 분자, 방사능, 원자력 발전 등과 같은 과학에 대한 이야기에 대해 나누었습니다. 제가 물리학과 교수라는 사실은 숨기고 말이죠. 많은 아이들과 과학에 대해 이야기를 주고받으며 어떻게 설명하는 것이 아이들의 눈높이 맞을지, 또 어떤 부분의 과학에 대해 재미있어 하는지 알게 되었습니다. 그 경험은 2004년부터 어린이들을 위한 과학책을 150여 권을 쓸 수 있었던 밑바탕이 되었습니다.

   오랜 세월 이론물리학의 여러 분야에 대해 연구하면서 '여백의 미'라는 단어를 좋아하게 되었습니다. 완벽한 교재나 논문보다는 연구할 거리를 찾을 수 있는 책이나 논문을 찾아 보고 새로운 연구에 대한 동기부여를 하곤 했습니다. 이런 경험은 저에게 과학자로서 수많은 과학 현상들을 연구할 수 있는 사명감을 심어 주었습니다.

그래서 이 책에도 여백의 미를 넣어 보았습니다. 사실 물질에 대한 책들을 셀 수 없을 정도로 많습니다. 그리고 많은 내용은 화학과 물리의 역사와 함께합니다. 이 책에서는 초등학생이 궁금해하고 알 수 있을 만큼의 내용만 담으려고 노력했습니다. 아마도 이 책을 읽고 나면 "나는 물질의 신비를 알게 되었어."라고 자신 있게 말할 수 있을 것입니다.

사실 이 책에는 어려운 과학 이론들이 많이 나옵니다. 예를 들어, 플로지스톤 이론이나 돌턴의 원자설, 샤를의 법칙, 보일의 법칙 등 수많은 화학 법칙들이 등장합니다. 이런 법칙들을 너무 어렵게 설명하는 것보다는 초등학생들의 눈높이에 맞게 설명하려고 특히 노력을 기울였습니다.

너무 많은 정보를 나열하기보다는 약간의 여백을 통해 신비로운 현상을 느끼게 해 주고 싶었습니다. 그러면 독자들이 '내가 중학생이 되면, 내가 고등학생이 되면, 내가 대학생이 되면 공부해 봐야지' 하는 생각이 들 것입니다. 이 책을 읽은 여러분이 중학생이 되고, 고등학생이 되어 좀 더 내용 속 여백에 있는 고급 이론에 대해 알고 싶어 한다면, 저는 유튜브 등의 채널을 통해 강의하겠다고 약속하겠습니다.

과학에 대한 첫 번째 경험은 쉽고 재미있어야 합니다. 이 경험을 통해 좀 더 어려운 내용에 도전할 수 있게 됩니다. 첫 번째 경험이 너무 어렵고 지루하면 과학에 대한 흥미를 일찍 포기할 수 있다는 게 제 생각입니다. 그래서 이 책을 통해 초등학생들이 물질의 신비에 대한 흥미와 관심을 가질 수 있도록 정보의 양을 제어하려고 노력했습니다. 이 책에 없는 정보들은 여백의 미로 여기고 스스로 찾아보는 즐거움을 느끼길 바랍니다. 인터넷에서 정보를 찾아보는 즐거움은 좋은 과학자가 되는 하나의 방법이니 말입니다.

이 책은 3부로 이루어져 있습니다. 1부는 화학의 역사와 관계됩니다. 연금술부터 시작해서 플로지스톤 이론과 눈에 보이지 않는 기체의 발견, 여러 가지 기체의 성질, 그리고 주기율표에 대한 이야기를 다루었습니다. 여기서 눈에 보이지 않는 공기를 이루는 기체를 찾으려고 노력한 화학자들을 여러분들에게 추천합니다. 눈에 안 보이니까 없다고 여길 수 있는 것을 간접적인 방법에 의해 찾아낸 화학자들은 정말 위대합니다.

2부는 물질의 재미난 성질에 대해 다루었습니다. 압력, 부력, 아르키메데스의 원리, 열, 물질의 상태 변화, 산과 염기, 용해도 및 크로마토그래피에 대한 이야기를 소개했습니다. 이들 내용은 모두 여러분들이 중학생이나 고등학생이 되었을 때 교과서에서 배우게 될 내용입니다. 여러분의 눈높이에 맞춰 재미있는 만화를 이용해, 그리고 제가 좋아했던 과학 영화를 패러디해서 물질의 신기한 성질을 소개하려고 노력했습니다.

3부는 물질에 대한 미래를 보여 줍니다. 신기한 금속들, 초유체, 투명 망토, 풀러렌, 그래핀, 방사능원소 및 원자력 발전에 대한 이야기를 수록했습니다. 최근 제가 존경하는 선배 교수님도 투명 망토를 만드는 연구를 하고 계십니다. 여러분은 이런 신기한 미래의 물질을 더 많이 찾아낼 예비 과학자입니다. 이 책의 내용을 통해 여러분의 엉뚱한 생각이 세상을 아름답게 바꿀 신비의 물질과 연결되기를 바랍니다.

초등학생들은 과학뿐만 아니라 많은 것을 배우고, 많은 책을 읽고, 좋은 생각을 많이 가져야 합니다. 여러분이 이 책을 읽고 과학자를 꿈꾸며 앞으로 나아갈 때, 언제든, 어떤 채널을 통해서든 제가 여러분에게 좀 더 많은 내용을 알려 드릴 것을 약속 드립니다. 이 책에서는 부디 제가 말하는 '여백의 미'를 통해 물질에 대한 풍성한 상상을 하길 바랍니다.

　이 책을 기획해 준 성림원북스의 모든 분들에게 감사드립니다. 특히 아름답고 재미있는 그림을 그려 준 이화 님에게 감사 드립니다.

경상남도 진주에서 정완상

케미캔, 케미큐브, 케미피어의 탄생

　마법사이자, 화학자인 이화학 박사는 연금술을 이용해 금을 만들어 보려고 했지만 실패한다. 이화학 박사는 마법의 힘으로 폐품을 이용해 세 개의 화학 로봇 케미캔, 케미피어, 케미큐브를 발명한다. 케미캔은 모든 물질을 마법으로 나타나게 할 수 있으며 화학 이론을 학습 받는다. 케미큐브는 측정 담당 로봇이면서 동시에 시공간 이동 및 가상현실을 연출할 수 있게 된다. 케미피어는 인문학 및 역사를 학습 받아, 화학의 역사에 정통하게 된다.

　이들 로봇 삼총사는 마법을 이용해 물질의 신비를 파헤치고 지구를 아름답게 만드는 역할을 맡게 된다. 하지만, 이화학 박사의 동료였던, 마법사 포이즌 백작은 이화학 박사의 모든 계획을 방해한다. 포이즌 백작은 독을 사용하는 마법사로 못된 성격의 소유자다. 그의 목적은 지구 파괴이며 어리바리스라는 어리석은 부하가 있다. 포이즌 백작은 어리바리스를 시켜서 화학 로봇 삼총사의 활동을 방해하게 한다.

"이제 너희들은 물질의 신비로운 성질을 이해하게 될 거야. 이를 통해 지구나 가상현실 속에서 사람들을 돕길 바란다. 이제 너희들에게 계속 필요한 메시지를 보낼 것이다. 그 미션을 잘 수행하기 바란다."

이화학 박사가 화학 로봇 삼총사에게 말했다.

"우리 셋이 뭉치면 박사님이 주시는 미션을 완벽히 수행할 수 있습니다."

화학 로봇 삼총사의 리더인 케미캔이 자신 있는 표정으로 말했다.

"포이즌 백작과 그의 부하 어리바리스를 조심하라."

"어리바리스는 바보입니다. 걔는 제게 맡기세요."

케미큐브가 당찬 어조로 말했다.

“좋다. 너희들을 믿겠다. 이제 너희들은 나를 떠나서 셋이 살아가게 될 것이다. 너희들이 살 곳은 대한민국의 수도 서울이다.”

이화학 박사가 흐뭇한 듯 미소를 지으며 말했다.

차례

1부 연금술에서 화학으로

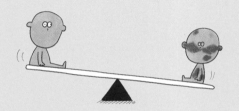

2부 물질과 사귀다

3부 신비의 물질

책 속에 등장하는 인물 소개

케미캔 (Chemican=Chemistry+Can)
이화학 박사가 폐품에 마법을 걸어 만든 로봇. 화학 이론을 학습해 마법으로 모든 물질을 생성시킬 수 있음. 화학 로봇 삼총사의 리더.

케미큐브(Chemicube=Chemistry+Cube)
측정 담당 로봇으로 시공간 이동 및 가상현실 연출 능력을 겸비함.

케미피어(Chemispere=Chemistry+Sphere)
인문학 및 역사를 학습해 화학의 역사에 정통함.

이화학 박사
마법사이자 화학자로 연금술을 이용해 금을 만들려고 노력했지만 실패함. 그 후 마법의 힘으로 폐품을 이용해 화학 로봇인 케미캔, 케미큐브, 케미피어를 발명함.

고대유 박사

화학 로봇 삼총사에게 연금술에 대해 설명해 주는 지식인.

포이즌 백작

이화학 박사의 동료 마법사였지만 '독(poison)'을 사용하는 못된 성격의 소유자. 지구를 파괴하기 위해 이화학 박사의 모든 활동을 방해함.

어리바리스

포이즌 백작의 어리석은 부하로 화학 로봇 삼총사의 물질의 신비를 파헤치고, 지구를 아름답게 만드는 역할 수행을 방해함.

탐정

삼총사를 도와 포이즌 백작과 어리바리스가 벌인 사건을 해결하는 인물.

1부

연금술에서
화학으로

눈이 번쩍

쓱

쓱

이화학 박사   케미캔, 케미피어, 케미큐브 집합! 축하한다. 이제 너희들은 물질의 신비에 대한 미션을 수행하게 된다. 아직 너희들의 상태는 완전하지는 않지만 미션을 수행할수록 너희들의 인공지능과 기타 장착된 기능들이 업그레이드될 것이다. 첫 번째 미션을 주겠다. 바로 연금술에서 화학으로 어떻게 발전했는가를 역사적으로 알아보는 것이다.

케미캔   연금술이 뭐죠?

이화학 박사   금을 만드는 기술이다.

케미큐브   우리가 조심해야 할 점이 있나요?

이화학 박사   포이즌 백작을 조심해라. 그는 독을 만드는 기술을 가지고 있고, 너희들과 사람들을 위험에 빠트리려고 할 것이다. 너희들 각자가 가지고 있는 능력을 합쳐서 포이즌 백작으로부터 사람들을 구해야 한다.

케미캔   걱정하지 마! 포이즌 백작쯤이야 우리 셋이 힘을 합치면 물리칠 수 있을 거야.

이화학 박사   케미캔 말대로 너희들이 힘을 합치면 포이즌 백작의 공격으로부터 사람들을 구할 수 있다. 너희 세 로봇의 기능은 조금씩 다르다. 케미캔은 모든 물질을 마법으로 나타나게 할 수 있으며 화학 이론을 학습 받았다. 케미큐브는 측정 담당 로봇이면서 동시에 시공간 이동 및 가상현실을 연출할 수 있다. 케미피어는 인문학 및 역사를 학습 받아, 화학의 역사에 정통하다. 너희들이 힘을 합치면 포이즌 백작의 공격을 막아 낼 수 있다. 다행인 점은 포이즌 백작의 부하인 어리바리스가 어리숙하다는 점이다.

케미캔 알겠습니다. 연금술에서 화학으로의 발전되는 과정을 열심히 학습하겠습니다. 박사님!

1) 제5원소를 찾아라

케미캔   박사님 메시지가 도착했어.

제 5원소에 대한
영화를 제작하라.

케미피어   물질의 4원소설에 대해 알아야 제5원소에 대해 알 수 있어.

케미캔   4원소설?

케미피어   고대 그리스 철학자들은 물질을 이루는 기본 원소에 대해 고민했어. 그리스의 탈레스^{Thales, 약 기원전 6세기에 살았던 그리스}의 철학자이자 수학자는 이 세상을 이루는 기본 원소를 물이라고 생각했어.

케미캔 이해가 잘 안 돼. 모든 물질이 물로 되어 있다는 게. 물은 단단하게 뭉칠 수 없잖아?

케미피어 탈레스는 물에는 세 가지 형태가 있다고 생각했어. 얼음, 물, 수증기야.

케미캔 아하! 물의 고체 상태는 얼음이라고 부르고, 물의 액체 상태는 그냥 물이라고 부르고, 물의 기체 상태는 수증기라고 부르지.

케미피어 맞아.

케미큐브 그래도 물만으로 이 세상이 이루어져 있다는 건 좀 믿기 어려운데.

케미피어 탈레스 이후에 더 많은 원소를 생각한 철학자가 있어.

케미캔 누군데?

케미피어 아리스토텔레스야.

케미캔 아리스토텔레스는 철학자인데.

케미피어 맞아. 아리스토텔레스는 철학자 플라톤의 제자야. 그리고 알렉산더 대왕의 어린 시절 스승이기도 하지.

케미캔 아리스토텔레스는 물 이외에 다른 기본 원소를 생각했어?

케미피어 물론이야. 아리스토텔레스는 이 세상은 네 종류의 기본

원소로 이루어져 있다고 생각했지. 그 네 가지는 물, 불, 공기, 흙이야.

케미피어 아리스토텔레스는 네 개의 원소가 사랑과 미움이라는 두 개의 힘에 의해 합쳐지거나, 분리된다고 생각했어. 이 네 개의 원소를 4원소라고 불러.

케미캔 사람도 4원소로 이루어져 있다는 거야?

케미큐브 아리스토텔레스는 사람의 뼈는 반이 불이고, 나머지는 흙과 물로 되어 있다고 믿었어.

케미피어 아리스토텔레스는 이 세상에는 차가움, 뜨거움, 건조함, 축축함의 네 가지 성질이 있고, 기본 원소는 이 성질들 중 두 개씩을 지닌다고 생각했어. 이들이 어떤 비율로 섞여 있는가에 따라 물질은 다른 성질을 지니게 되지. 예를 들어, 물은 차가운 성질과 축축한 성질을 가지고 있는데 이

중에서 축축한 성질이 건조한 성질로 변하면 흙의 성질을 띤 물이 되지. 아리스토텔레스는 그것이 바로 얼음이라고 생각했어. 또 물을 데우면 수증기가 생기지? 아리스토텔레스는 그것은 물의 차가운 성질이 뜨거운 성질로 변해 공기의 성질을 띤 물인 수증기가 된 것이라고 믿었지.

케미피어 아리스토텔레스는 4원소들 중 두 개는 하늘이 고향이고, 두 개는 땅이 고향이라고 믿었어.

케미캔 하늘이 고향인 건 불과 공기겠네.

케미피어 맞아. 그래서 공기와 불은 고향을 찾아 항상 위로 올라가려고 하지.

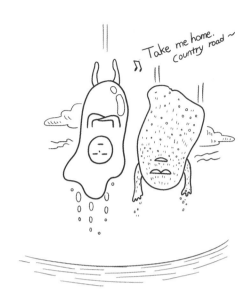

케미큐브	그럼 땅이 고향인 건 흙과 물이군.
케미피어	맞아. 그래서 흙과 물은 고향을 찾아 항상 땅에 떨어지려고 하지.
케미큐브	그럼 제5원소는 뭐야?
케미피어	아리스토텔레스는 4원소 이외에 태양이나 달과 같은 천체를 구성하는 제5원소가 있다고 생각했어. 제5원소로 이루어진 천체는 영원한 운동을 한다고 믿었지. 자! 이제 박사님의 임무를 수행하자.

2021 영화 〈제5원소〉

원작 ; 뤽 베송 감독   각색 ; 케미피어

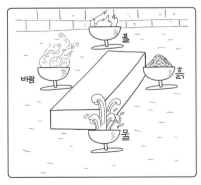

2 〉 연금술 아름다운 얼굴 대회

케미캔   박사님 임무는?

케미큐브   모두 내게 올라타! 시공 이동이야. 기원전 300년 알렉산

드리아로.

알렉산드리아로!

캐미큐브　　뭘 하나 봐.

캐미피어　　아름다운 얼굴 대회라고 하는데. 뭔지 가까이 가서 보자.

케미캔	현자의 돌이 뭐지?
케미피어	아리스토텔레스의 4원소설이 나오고 나서, 사람들은 4원소의 비율을 바꾸면 아름다운 물질을 만들 수 있다고 믿었어. 그래서 4원소설은 아주 오랜 세월 동안 인기를 끌었어. 사람들은 4원소가 가장 아름다운 비율로 섞인 것이 금이라고 생각했지. 사람들은 4원소의 비율을 바꾸어 환상의 비율을 만들면 천한 금속을 금으로 만들 수 있다고 믿었지. 이렇게 금이 아닌 금속으로 금을 만드는 기술을 연금술이라고 하고 영어로는 '알케미alchemy'라고 해.
케미캔	화학을 뜻하는 영어 단어 '케미스트리chemistry'랑 비슷해.
케미피어	맞아. '알케미'에서 '알al'은 영어의 '더the'와 같은 뜻이야. 즉, 연금술이 발전되어 화학이 나온 거야. 이렇게 연금술로 금을 만들려는 사람들은 연금술사라고 불러.

케미캔	어떻게 금을 만드는 완벽한 방법을 찾겠다는 거지?
케미피어	사람들은 금속이 흙의 원소와 물의 원소로 이루어져 있다고 믿었어. 연금술사들은 흙의 원소로 유황광물성 약재의 하나을 사용했고, 물의 원소로 수은원자 기호는 Hg. 상온에서 유일하게 액체 상태로 있는 은백색의 금속 원소로 독성이 있다.을 사용했어. 이 두 원소를 가장 완벽한 비율로 섞으면 현자의 돌이 만들어진다고 생각했어. 사람들은 현자의 돌을 잘게 부순 가루를 천한 금속에 뿌리면 금이 된다고 믿었지.
케미캔	연금술사들이 현자의 돌을 만들기 위해 엄청 애를 썼겠어.
케미피어	물론이야. 현자의 돌은 피부를 아름답게 만들고, 사람을 건강하게 만든다고 믿었어.
케미큐브	완전 사기 같은데.
케미피어	물론. 이런 방법으로 금을 만들 수는 없지만, 당시 사람들은 만들 수 있을 거라고 믿었어. 그래서 연금술사들이 엄청나게 많아졌지. 연금술사들은 신비한 인물로 자신의 이름이나 실험실을 철저하게 비밀로 했어. 그래서 가명을 많이 사용했어. 서기 100년경부터 300년경까지의 연금술사의 이름은 데모크리토스, 클레오파트라, 이시스, 헤르메스 트리스메기스투스, 유대 부인 마리아 등 실제 이름을 알 수 없는 사람들뿐이었어.
케미큐브	이번 대회 참가자 이름이군.

케미캔 연금술사 중에 본명을 쓴 사람은 없어?

케미피어 있어. 연금술사 중에서 처음 정확한 이름이 밝혀진 사람은 서기 300년경 알렉산드리아에서 활동한 조시모스 Zosimus Alchemista야. 그는 연금술 실험에 대한 최초의 기록을 남긴 사람이지. 조시모스는 연금술에 대한 책을 28권이나 썼어. 암호로 쓰여 있어서 이해할 수 없지만 말이야.

케미캔 연금술사 중에서 금을 만든 사람이 있어?

케미피어 물론, 없어.

케미캔 연금술은 완전히 실패작이네.

케미피어 맞아. 연금술사들이 금을 만드는 데는 실패했어. 하지만 그때 그 연금술사들 덕분에 화학 실험 장치들이 수없이 많이 발명되었으니 허무한 일은 아니었지. 그중 일부는 지금도 화학 실험에 사용되고 있을 정도니까.

3 불탄교

케미캔   박사님 미션이 도착했어!

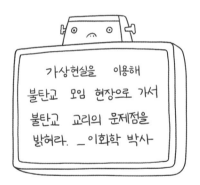

가상현실을 이용해
불탄교 모임 현장으로 가서
불탄교 교리의 문제점을
밝혀라. _이화학 박사

케미피어   불탄교?

케미큐브   시공 이동! 불탄교 현장!

지금 나무에서 불탄이 빠져나가 연기를 만들고 있습니다. 불탄은 불의 원소나 공기의 원소가 섞여 있는 이름다운 물질입니다. 물질이 타는 것은 물질속의 불탄이 빠져나가는 과정입니다.

이 철몬스터는 불탄이 가득 들어 있습니다. 그래서 광택이 나지요. 이제 철몬스터의 불탄이 다 사라지면 어떻게 되나 보여 드리겠습니다.

철몬스터의 불탄이 모두 빠져나갔습니다. 철몬스터 속의 불탄은 눈에 보이지 않습니다. 이렇게 철 속 불탄이 모두 빠져나가면 철은 녹슬게 됩니다. 이제 불탄교를 믿으세요! 불탄교를 믿으면 여러분의 몸속에 불탄이 충만할 것입니다.

케미피어 　웹툰이 기체 발견의 역사를 잘 정리해 주네.

케미큐브 　기체? 웹툰에는 기체라는 단어가 안 나오는데.

케미피어 　물질은 세 가지 상태로 자연에 나타나. 고체, 액체, 기체
　　　　　상태가 그것이지.

케미큐브 　불탄은 어떤 상태지?

케미피어 　기체라는 단어가 나타나기 전에 중세 시대 화학자들은
　　　　　아리스토텔레스의 4원소설로 물질이 타거나 철이 녹스
　　　　　는 것을 설명하려고 했어. 물질이 타거나 철이 녹슬 때 아
　　　　　리스토텔레스의 4원소 중에서 하늘이 고향인 두 개의 기
　　　　　본 원소인 불과 공기가 섞인 플로지스톤phlogiston, 18세기 초에 연
　　　　　소를 설명하기 위하여 상정하였던 물질을 말함. 물질이 타는 것은 그 물질에서 이것이 빠져
　　　　　나가는 현상이라고 보았다. 현재는 부정되고 있다.이 물질에서 빠져나간다
　　　　　고 생각했지.

케미캔	플로지스톤? 무슨 뜻이지?
케미피어	그리스어로 '불에 탄 것'이라는 뜻이야.
케미캔	아하! 그래서 불탄이라고 했구나!
케미큐브	물질이 탈 때는 눈에 보이는 연기가 나오지만 철이 녹슬 때는 눈에 보이는 게 나오지 않잖아?
케미피어	눈에 보이는 플로지스톤과 눈에 안 보이는 플로지스톤이 있다고 생각했지. 플로지스톤을 믿는 과학자들은 사람의 죽음조차도 플로지스톤으로 설명하려 했어. 사람의 몸속에 있는 플로지스톤이 모두 빠져나가면 사람이 죽게 된다고 생각했으니까.
케미큐브	그런데 이상해!
케미캔	뭐가?
케미큐브	철원소 기호는 Fe과 녹슨 철의 무게를 재 봤어.
케미캔	녹슨 철이 더 무겁네.
케미큐브	철에서 플로지스톤이 빠져나가 녹슨 철이 되었다면 녹슨 철이 더 가벼워야 하잖아?
케미피어	플로지스톤을 믿는 과학자들은 땅이 고향인 물질이 빠져나가면 가벼워지고, 플로지스톤처럼 하늘이 고향인 물질이 빠져나가면 더 무거워진다고 생각했어.
케미큐브	말도 안 돼.
케미피어	맞아. 플로지스톤은 틀린 이야기야. 하지만 플로지스톤

덕분에 눈에 보이지 않는 기체들이 발견되었어.

케미캔   어떤 기체가 발견되었지?

케미피어   수소원자 기호 H, 모든 물질 가운데 가장 가벼운 기체 원소. 빛깔과 냄새와 맛이 없고 불에 잘 탄다., 산소원자 기호 O, 공기의 주성분이며 맛과 빛깔과 냄새가 없으며 사람의 호흡과 동식물의 생활에 없어서는 안 되는 기체, 질소원자 기호 N, 공기의 약 5분의 4를 차지하는 무색, 무미, 무취의 기체 질소 분자를 이루는 원소, 이산화탄소화학식은 CO_2, 탄소가 완전 연소를 할 때 생기는 무색 기체와 같은 기체들이 발견되었어.

케미캔   어떻게 발견했지?

케미피어   첫 번째로 발견된 눈에 안 보이는 기체는 수소야. 1766년 영국의 캐번디시Henry Cavendish, 영국의 화학자이자 물리학자. 정전기에 관한 기초적 실험을 하고 지구의 비중을 측정하였으며, 수소를 발견하고 물이 산소와 수소로 이루어져 있다는 것을 밝혔다.가 발견했지. 캐번디시는 요즘으로 치면 1,000억 원이 넘는 돈을 가지고 있던 부자야. 하지만

• 수줍음이 많아 하녀가 밥을 가지고 오자 하녀의 얼굴을 쳐다보
지 못하고 얼굴이 빨개지는 캐번디시

수줍음이 많아서 사람들과 만나는 것을 싫어했어. 그래
서 대부분의 삶을 거의 집에 틀어박혀 과학 실험하는 데
바쳤다고 해.

케미피어 캐번디시는 유리 용기 속에 들어 있는 아연_{원자 기호 Zn, 무르}
_{고 광택이 나는 청색을 띤 흰색 금속 원소}에 염산을 부었어. 캐번디시는
아연과 염산이 반응하여 눈에 보이지 않는 플로지스톤이
나올 것이라고 믿었지. 캐번디시는 유리 용기에 불을 집
어넣었어. 그러자 큰 폭발이 일어났지. 캐번디시는 이 플
로지스톤을 '불에 타는 플로지스톤'이라고 불렀는데 이것
이 바로 수소 기체야.

케미캔 산소는 누가 발견했지?

케미피어   산소는 조지프 프리스틀리^{Joseph Priestley}가 발견했어. 1774
년 프리스틀리는 지름 12㎝인 렌즈로 초점에 맞춰 산화
수은에 햇빛을 쪼였어. 이 실험은 물론 밀폐된 용기에서
이루어졌고 프리스틀리 역시 이 반응에서 눈에 보이지
않는 플로지스톤이 나온다고 믿었어. 프리스틀리는 용기
안에 갇힌 플로지스톤의 성질을 알아보기 위해 다 꺼져
가는 촛불을 집어넣었지. 그러자 촛불이 활활 타올랐어.
그는 이 플로지스톤을 물질이 타는 것을 도와주는 플로
지스톤이라고 불렀는데, 이게 바로 산소 기체야. 프리스
틀리는 산소 기체 속에 쥐를 집어넣어 보았어. 그러자 쥐
는 자연의 공기 속에서 더 활발하게 움직였지. 밀폐된 유
리 용기 안에 보통의 공기가 들어 있다면 쥐가 15분 정도

숨을 쉴 수 있는 데 반해, 산소가 들어 있는 유리 용기 안

쥐는 45분 동안 숨을 쉴 수 있었지.

케미큐브　박사님으로부터 연락이 왔어. 화재가 발생했대. 우리가

출동해야 해.

케미피어　어리바리스의 짓이야. 당장 불길을 멈추게 해야 해.

케미캔　　내게 맡겨.

케미피어　불이 꺼졌어. 케미캔! 어떤 소화액을 사용한 거지?

케미캔　　이산화탄소$^{화학식은 CO_2}$를 사용했어.

케미큐브　이산화탄소를 쓰면 불이 꺼져?

케미캔	눈에 보이지 않지만 공기 속에는 눈에 보이지 않는 여러 기체들이 있어. 전체의 80% 정도는 질소^{원자 기호는 N, 공기의 약 5분의 4를 차지하는 무색·무미·무취의 기체 질소 분자를 이루는 원소} 기체이고, 19% 정도는 산소 기체야. 나머지 1%는 아르곤^{원자 기호는 Ar, 무색무취의 비활성 기체 원소}이나 수증기와 같은 기체들이지.

케미캔   눈에 보이지 않지만 공기 속에는 눈에 보이지 않는 여러 기체들이 있어. 전체의 80% 정도는 질소원자 기호는 N, 공기의 약 5분의 4를 차지하는 무색·무미·무취의 기체 질소 분자를 이루는 원소 기체이고, 19% 정도는 산소 기체야. 나머지 1%는 아르곤원자 기호는 Ar, 무색무취의 비활성 기체 원소이나 수증기와 같은 기체들이지.

케미큐브   이산화탄소로 불을 끌 수 있다는 게 잘 이해가 안 돼.

케미캔   물질이 타는 것은 플로지스톤이 빠져나가는 게 아니라, 물질이 공기 속의 산소와 결합하는 걸 말해. 그러니까 산소가 차단되면 물질이 더 타지는 않아.

케미큐브   그것과 이산화탄소랑 무슨 상관이 있지?

케미캔   이산화탄소는 공기보다 무거워. 그러니까 이산화탄소를 불길에 뿌리면 공기보다 무거워서 아래로 내려가게 되지. 그러면서 불길 주위를 이산화탄소가 에워싸서 불길이 산소랑 만나는 것을 막을 수 있어.

케미큐브   산소랑 못 만나니까 더 물질이 타지 않아서 불이 꺼지는 거구나.

케미캔   맞아. 이것이 소화액으로 이산화탄소 기체를 사용하는 이유야.

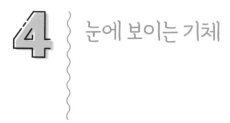

4 눈에 보이는 기체

케미캔   박사님께 임무 지령이 내려왔어.

케미큐브   청소는 진짜 하기 싫은데…….

케미피어   한 번 해 보자. 박사님이 이런 지령을 내리신 데는 다 이
                   유가 있을 거야.

케미큐브 황록색의 기체가 독가스야?

케미캔 기체에는 눈에 보이는 것도 있고 눈에 안 보이는 것도 있
어. 조금 전에 나타난 황록색의 기체는 눈에 보이는 염소
_{원자 기호는 Cl, 할로젠 원소의 하나로 자극성 냄새가 나는 황록색 기체. 표백제, 물감, 의}
_{약, 폭발물, 표백분 따위를 만드는 데 쓰인다.}라는 기체야. 1810년 영국의
화학자 데이비^{Humphry Davy}가 처음 발견했는데, 아주 위험한

기체야.

케미큐브　옥시스가 뿌린 게 염소야?

케미캔　아니. 옥시스는 산소계 표백제를 뿌렸어.

케미큐브　그런데 왜 염소 기체가 나온 거지?

케미캔　염소계 표백제인 락스와 산소계 표백제가 만났기 때문이야. 락스는 염소계 표백제인데 두 표백제가 만나면 염소가 발생하거든. 염소는 수영장이나 정수장에서 물을 소독하는 데 사용되지. 가정용 표백제 락스 속에도 들어 있어. 독성이 강한 염소를 입이나 코로 마시게 되면 염소가 폐로 들어가 몸속 물과 반응해 염산을 만들고, 염산이 폐를 녹여 심한 고통과 호흡곤란을 일으키게 되거든.

케미피어　무서운 기체네.

케미큐브　염소 말고 또 눈에 보이는 기체가 있어?

케미캔　물론. 한 번 만들어 볼게.

케미큐브　보라색 연기다.

케미캔　이게 바로 요오드 원자 기호는 I, 할로겐족 원소의 하나라는 기체야. 요오드는 그리스어로 보라색을 뜻하는 말이야. 1811년 과학자 베르나르 쿠르투아 Bernard Courtois가 이 방법으로 요오드라는 기체를 발견했어. 우리는 요오드로, 미국 사람들은 아이오딘이라고 발음하지.

케미피어　또 다른 눈에 보이는 기체는?

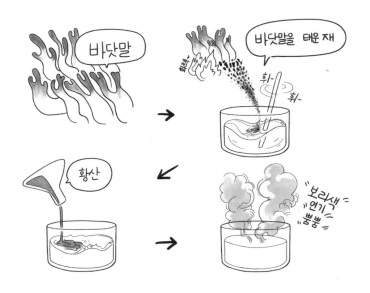

케미캔	1825년 프랑스 화학 교사인 발라르Antoine-Jerome Balard가 요오드 발생 실험 중에 발견한 브롬원자 기호는 Br, 비금속 원소인 할로겐족 원소의 하나 기체가 있어. 당시 발라르는 해조류에 얼마나 많은 요오드가 있는지 알아보는 실험을 했어. 실험이 끝나고, 심심하던 발라르는 해초에 염소를 부어 보았어.
케미피어	그냥 아무 생각 없이 부은 거야?
케미캔	물론. 이렇게 엉뚱한 장난이 위대한 발견이 되기도 해.
케미큐브	부었더니 어떻게 되었는데?
케미캔	갑자기 적갈색 액체가 나타나면서 고약한 냄새가 났지.
케미캔	이렇게 발견된 물질이 브롬이야. 브롬은 그리스어로 악취bromos를 의미해.

케미큐브 기체로 발견된 건 아니네.

케미캔 물론 액체 상태의 브롬이 발견된 거지. 하지만 액체 상태
의 브롬을 59도로 가열하면 기체 상태의 짙은 오렌지색
브롬을 얻을 수 있어. 브롬도 염소보다는 약하지만 독성
이 있어 조심해야 해.

케미큐브 브로마이드 브롬화 은을 감광제로 하여 만든 고감도의 확대용 인화지 도 브롬
과 관계있어?

케미캔 물론. 이런 사진의 감광제
로 브롬과 은 화합물을 사
용하기 때문에 브로마이
드라고 부르는 거지.

케미피어 그렇군.

• 아이돌 그룹의 브로마이드

5 친구가 별로 없는 기체

케미큐브   미션 도착.

케미피어   친구가 별로 없는 기체? 기체도 친구가 있어?

케미캔   물론이야. 수소 기체와 산소 기체는 친구야. 그래서 수소
기체와 산소 기체가 결합하면 새로운 기체로 변신하지.

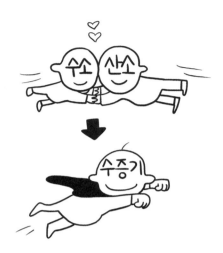

케미큐브	어떤 기체로 변신하는데?
케미캔	수증기로 변해.
케미큐브	수증기라면 물의 기체 상태잖아?
케미캔	맞아.
케미큐브	친구가 별로 없는 기체는 뭐지?
케미캔	헬륨_{원자 기호는 He, 공기 가운데 아주 적은 양이 들어 있는 무색무취의 비활성 기체}이나 네온_{원자 기호는 Ne, 대기 중에 소량으로 존재하는 가스 상태의 원소. 방전관에 넣으면 아름다운 색을 내어, 네온전구 및 광고용 네온사인으로 널리 이용}, 아르곤이나 크립톤_{원자 기호는 Kr, 주기율표의 제18족 원소의 하나}과 같은 기체들은 친구가 별로 없어서 다른 기체 친구들과 잘 안 만나. 자, 그럼 내가 만든 웹툰 한 번 볼래?

케미큐브	괜히 망신만 당했네.
케미캔	미안. 내 생각이 짧았어.
케미큐브	그런데 왜 나와 케미피어의 목소리가 변한 거지?
케미캔	너희들의 풍선에는 공기가 아닌 다른 기체를 넣었어. 케미피어는 헬륨을 마셨고, 케미큐브는 크립톤을 마셨어.
케미큐브	헬륨이나 크립톤을 마시면 목소리가 변해?
케미캔	공기의 진동이 소리를 만들어. 이때 공기의 진동이 빠르면 높은음이 나오고, 공기의 진동이 느리면 낮은음이 나와. 헬륨은 공기보다 가벼워서 진동이 더 빠르기 때문에 헬륨을 마신 케미피어는 높은음을 낼 수 있었어. 반대로 크립톤은 공기보다 무겁기 때문에 진동이 느려서 진동수가 작은 낮고 굵은 음이 나와. 그래서 크립톤을 마신 케미큐브가 낮은음을 낼 수 있었어.
케미큐브	아하! 크립톤은 공기보다 무거워 진동이 느려서 낮은음을 나오게 한 것이네.
케미피어	친구가 별로 없는 기체에는 어떤 것들이 있지?
케미캔	친구가 없는 기체 중에서 제일 가벼운 기체는 헬륨이야. 1868년 과학자 장센^{Pierre Janssen}이 태양에 새로운 기체가 있다는 것을 알아냈어. 그 후에 영국의 로키어^{Norman Lockyer}가 이 기체의 이름을 헬륨이라고 불렀어.
케미큐브	왜 헬륨이라는 이름을 썼지?

케미피어	그건 내가 알아. 태양을 뜻하는 단어가 헬리오스^{Helios}이기 때문이야.

케미피어   그건 내가 알아. 태양을 뜻하는 단어가 헬리오스 Helios이기
          때문이야.

케미큐브   그럼 헬륨은 지구에는 없는 거야?

케미캔   있긴 있지. 하지만 그 양이 정말 적어. 공기 속에 헬륨은
          0.0005% 정도 있으니까.

케미큐브   거의 없는 셈이군.

케미피어   헬륨 다음으로 무거운, 친구 별로 없는 기체는 뭐지?

케미캔   그건 네온이야. 네온은 1898년 영국의 화학자 램지^{William Ramsay}가 발견했어.

케미큐브   네온사인의 그 네온?

케미캔   맞아. 유리관에 네온은 넣고 전류를 흘려보내면 주황색
          불빛이 나오는데 그게 바로 네온사인이야.

케미큐브   네온 다음으로 무거운, 친구 별로 없는 기체는?

케미캔   아르곤이야. 1894년 영국의 물리학자 레일리^{John William Strutt Rayleigh}가 발견했어. 아르곤은 공기 속에 1% 정도 들어
          있어. 질소와 산소 다음으로 많이 들어 있는 기체야. 아르
          곤은 그리스어로 '움직이지 않는 것'이라는 뜻이지. 이 기
          체가 다른 기체 친구들과 잘 어울리지 않기 때문에 아르
          곤이라는 이름을 붙이게 된 거야.

케미큐브   그 다음 무거운, 친구 별로 없는 기체는?

케미캔   크립톤이야. 크립톤은 '숨겨진 것'이라는 뜻이야. 이 기체

도 1898년 영국의 화학자 램지가 발견했어. 램지는 크립톤보다 무거운 친구 별로 없는 기체를 발견했는데, 그게 바로 제논원자 기호는 Xe, 불활성 기체 원소로 공기 가운데 가장 적게 들어있는 무색 무취의 원소이야. 제논은 '낯선 것'이라는 뜻이야.

케미큐브 램지가 친구 별로 없는 기체를 많이 발견했네.

케미피어 그런데 제논은 어디에 사용되지?

케미캔 제논은 카메라 플래시나 인공위성에서 이용되는 이온 엔진의 추진제로도 사용돼.

6 } 80일간의 세계 일주

케미캔   이번 임무는 뭐지?

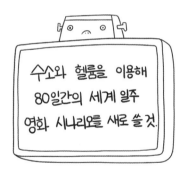

수소와 헬륨을 이용해
80일간의 세계 일주
영화 시나리오를 새로 쓸 것.

케미큐브   《80일간의 세계 일주》?

케미피어   1873년 쥘 베른 Jules Verne이 쓴 소설이야.

케미큐브   그 소설하고 수소와 헬륨은 무슨 관계가 있지?

케미캔	이 소설에서 열기구가 나오는 장면이 있는데, 열기구 속에 공기보다 가벼운 기체를 채워 넣어야 해.
케미큐브	아! 수소는 이 세상에서 가장 가벼운 원소이고, 헬륨은 두 번째로 가벼운 원소니까 관계가 있는 거구나.
케미피어	그러니까 수소나 헬륨을 열기구 속에 채우면 공기보다 가벼워서 위로 뜰 수 있게 되는 거였어.
케미큐브	난 열기구를 띄우려면 당연히 수소를 넣어야 한다고 생각했어. 정말 큰일 날 뻔 했네.
케미캔	이제야 말이 좀 통하네. 다들 알게 된 것 같아 다행이야. 이번 시나리오는 내게 맡겨 줘.

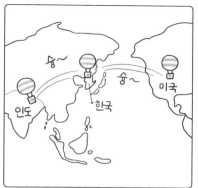

케미피어 열기구가 뜨는 이유를 잘 모르겠어.

케미캔 그걸 알려면 먼저 밀도에 대해 알아야 해. 물체의 무겁고 가벼운 정도를 나타내는 양을 질량이라고 불러.

케미큐브 질량이 클수록 무거운 거네.

케미캔 화학에서는 질량보다 밀도가 더 중요해. 밀도는 질량을 부피로 나눈 값이야. 즉 같은 부피를 취했을 때 가벼울수록 밀도가 작은 거지. 그러니까 질량은 물질의 성질이 되지 않지만 밀도는 물질이 성질이 돼.

케미큐브 질량으로 비교해도 무거운지 가벼운지 알 수 있잖아?

케미캔 솜이 가벼워? 쇠가 가벼워?

케미큐브 당연히 솜이 가볍지?

케미캔 솜을 많이 모아서 솜의 질량이 1kg이 되었다고 해 봐. 그것과 질량이 100g인 작은 쇠구슬을 비교해 보면 질량은 솜이 더 커지거든. 그렇다고 우리가 솜이 쇠보다 무거운 물질이라고 말할 수는 없잖아? 그래서 공정한 비교를 위해 같은 부피를 모았을 때 물질의 질량을 비교하는 거야. 즉 밀도를 비교하는 거지.

케미큐브 쇠의 밀도보다 솜의 밀도가 작겠군. 그런데 밀도가 열기구를 타고 하늘로 날아오를 수 있는 것과 무슨 관계가 있어? 난 정말 잘 모르겠어. 두 가지가 어떻게 연관되어 있는 건지. 케미캔 조금만 더 자세히 설명해 줘.

케미캔 그래, 이번에도 웹툰을 이용해서 그 관계에 대해 알아보자. 다들 헷갈리겠지만 이번 웹툰을 보면 이해가 쉬울 거야.

케미큐브 그래.

케미캔 웹툰 큐!

케미큐브	케미피어! 고생했어.
케미피어	이 정도쯤이야.
케미큐브	케미피어가 어떻게 물에 떠서 데굴데굴 굴러갈 수 있었던 거지.
케미캔	물에 뜨느냐 가라앉느냐는 밀도와 관계있어. 물보다 밀도가 큰 물체는 가라앉고 물보다 밀도가 작은 물체는 물에 떠. 금속들은 밀도가 물보다 크기 때문에 물에 가라앉고 나무나 플라스틱은 물보다 밀도가 작아 물에 뜨지.

케미큐브	얼음은 물의 고체 상태잖아? 그러면 얼음이나 물이나 같은 물질인데, 왜 얼음이 물 위에 둥둥 뜨는 거지?
케미캔	얼음은 물의 고체 상태니까 물과 같은 물질이야. 그런데 물이 얼음이 될 때는 부피가 커져.
케미큐브	질량은 같은데 얼음의 부피가 물의 부피보다 크니까 얼음의 밀도가 물의 밀도보다 작은 거네.
케미캔	맞아.
케미큐브	케미피어! 아까 왜 공기를 마셔서 몸을 크게 만든 거지?
케미피어	나는 물보다 밀도가 커서 원래 물에 가라앉아. 그래서 난 물보다 밀도가 작은 공기를 마셔서 부피를 크게 만들어 밀도를 물보다 작게 만든 거야. 그래서 물에 떠서 굴러갈 수 있었던 거지.
케미큐브	넌 밀도가 물보다 작으면 물에 뜬다는 걸 알고 있었네.
케미피어	예습했지.
케미캔	좋은 습관! 열기구가 날아오르는 것을 공기 위에 떠 있다고 생각하면 돼. 열기구와 우리 삼총사를 합친 것의 밀도가 공기의 밀도보다 작으면 우리를 태운 열기구는 공기 위에 떠 있을 수 있어.
케미큐브	그렇군. 열기구는 누가 발명했지?
케미피어	열기구를 처음 발명한 사람은 몽골피에 가문의 두 형제인 조제프 몽골피에 Joseph Montgolfier와 자크 몽골피에 Jacques

^{Montgolfier}야. 프랑스 론 강변의 작은 마을 아노내에서 커다란 제지공장을 운영하고 있던 두 형제는 물체가 날아 올라갈 수 없을까에 대해 고민했지. 그들은 커다란 종이 자루에 증기를 채우면 구름처럼 하늘에 둥실 떠다닐 수 있을 거라고 생각했어. 1783년 6월 5일 몽골피에 형제는 이런 생각을 많은 사람이 보는 앞에서 실험해 보기로 했지. 형제는 지름이 12㎝인 종이 자루를 긴 기둥에 묶고 자루의 주둥이 밑에 밀짚과 땔나무를 가득 쌓았어. 형제가 땔나무에 불을 붙이자 연기가 나더니 자루가 팽팽하게 부풀어 커다란 공이 되었지. 이 공은 둥실둥실 하늘로 올라

가 10분 만에 2,000m 높이까지 올라갔어. 하지만 종이 자루는 계속 올라가지 못하고 다시 추락하더니 포도밭에 떨어졌어.

케미큐브 수소가 가벼운데 왜 그보다 무거운 헬륨을 사용한 거지?

케미피어 수소가 위험해서야.

케미캔 맞아. 포이즌 백작의 열기구에는 수소가 들어 있었어. 그래서 딱따구리를 이용해서 열기구에 구멍을 뚫은 거야. 그러면 열기구 속 수소가 공기 중으로 나오면서 폭발하거든. 하지만 헬륨은 폭발성이 없어 안전해.

케미큐브 기체가 뜨거워지면 부피가 커지는 다른 예가 있어?

케미캔 물론. 자전거 타이어의 공기를 채울 때 여름에는 조금 덜 채워야 해.

케미큐브 그건 왜 그런 거야?

케미캔 여름에는 덥잖아? 그러니까 타이어 안의 공기 부피가 커지거든. 그러니까 공기를 가득 채우면 타이어 펑크가 날 수도 있어.

케미큐브 그래? 이제 곧 여름이 오니까 내 타이어에서 바람을 좀 빼야겠어.

케미피어 좋은 생각이야!

케미캔 또 다른 예가 있어. 겨울에 실내 난방을 켜고 잘 때 빈 페트병 뚜껑을 닫고 쭈그러뜨리면 유령 소리가 나.

케미큐브	유령 소리?
케미캔	유령 소리는 농담이고. 아무튼 '찌-익, 찌-익' 하는 소리가 날 거야.
케미큐브	그건 왜 그런 거야?
케미캔	난방 때문에 실내 온도가 올라가면 페트병 속 공기의 부피가 커지거든. 그러면 찌그러져 있던 페트병이 펴지면서 주위 공기를 진동시켜 소리를 내. 그 소리가 우리 귀에 '찌-익' 하는 소리로 들리는 거야.
케미큐브	전에 그 소리 때문에 잠을 설친 적 있어.
케미피어	그랬을 거야.

7 } 원자와 분자

케미큐브 오늘 미션은 뭐지?

케미캔 원자와 분자에 대해 조사하래.

케미큐브 원자가 뭐지?

케미피어 원자는 물질을 이루는 가장 작은 알갱이야. 영국의 유명
한 화학자 돌턴^{John Dalton}이 1802년에 주장했어. 원자는 영
어로는 아톰^{Atom}이라고 해.

케미큐브 아톰이라면…….

케미캔 지금 뭘 그린 거니?

케미피어 일본 만화 〈우주 소년 아톰〉
의 주인공인 아톰.

케미캔 그 만화는 지금 초등학생들
이 모를 텐데.

케미피어	하지만 그들의 엄마 아빠는 알 수도 있지.
케미캔	아톰atom에서 아a는 없다not는 의미이고, 톰tom은 디바이드 divide, 나누어지다라는 뜻이야.
케미큐브	그러면 안 나누어지는 것이라는 뜻이구나.
케미캔	응. 더 쪼개어질 수 없는 가장 작은 알갱이라는 뜻으로 우리는 원자라고 이름을 붙였어.
케미피어	돌턴에 대해서는 일화가 많아.
케미큐브	어떤 일화가 있지?
케미피어	돌턴은 퀘이커교Quaker, 17세기에 등장한 개신교의 한 종파를 믿는 사람들이 사는 영국의 컴벌랜드Cumberland 주의 이글스필드 Eaglesfield라는 작은 마을에서 태어났어.
케미큐브	퀘이커교가 뭐지?
케미피어	영국의 국교에 대한 개혁 운동으로 시작한 종교야. 퀘이커교 사람들은 사회 곳곳의 개혁에 앞장서고 올바르게 사는 법을 배우지. 그리고 규율이 매우 엄격해. 돌턴은 집안 형편이 어려워서 초등학교만 졸업했는데, 열두 살 때 이글스필드 초등학교 교장이 되었어.
케미큐브	열두 살에 교장 선생님. 대단하다.
케미피어	당시 이글스필드에는 마땅히 초등학생들을 가르칠 선생님이 없어서 돌턴이 여러 과목을 가르쳤지.
케미큐브	아무튼 대단해.

케미피어	색 맹색채를 식별하는 감각이 불완전하여 빛깔을 가리지 못하거나 다른 빛깔로 잘못 보는 상태. 또는 그런 증상의 사람을 영어로 뭐라고 하는지 알아?
케미캔	글쎄.
케미피어	돌터니즘Daltonism이라고 해.
케미캔	돌턴과 비슷한 단어네.
케미피어	맞아. 돌턴이 심한 색맹이었기 때문에 붙여진 이름이야. 돌턴은 어렸을 때 엄마에게 양말을 선물하려고 가게에 갔어. 회색 양말이 예뻐 보여서 그걸로 결정했지. 그런데 엄마는 자신이 좋아하는 붉은색 양말이라며 고마워하셨어. 그때 돌턴은 자신이 붉은색과 회색을 구별할 수 없는 색

맹이라는 사실을 알게 되었지. 그리고 돌턴은 색맹이 왜 일어나는가를 연구해서 1774년에 논문으로 발표했어.

케미큐브 돌턴은 왜 모든 물질이 원자로 이루어져 있다고 생각한 거지?

케미캔 1799년 프랑스의 화학자 프루스트Joseph Louis Proust는 자연 상태의 염기성 탄산구리화학식은 CuCO₃, 탄산나트륨과 복염으로 얻는 청록색 물질로 물감으로 사용함.와 실험실에서 만든 염기성 탄산구리를 분석했어. 염기성 탄산구리는 구리원자 기호는 Cu, 붉은색을 띤 금속 원소. 전기와 열 전도성이 뛰어나다.가 공기 속의 수증기와 이산화탄소 때문에 산화되어 생긴 푸른 녹을 말해. 염기성 탄산

구리는 구리와 탄소와 산소의 화합물인데, 프루스트는 자연 상태의 염기성 탄산구리와 실험실에서 만든 염기성 탄산구리에서 구리와 탄소와 산소의 질량의 비가 같다는 것을 알아냈어. 프루스트는 두 종류의 물질이 화합물을 만들 때 두 물질의 질량은 항상 일정한 비율을 이룬다고 주장했지. 이것을 프루스트의 '일정성분비의 법칙^{화합물에서} 화합물의 출처나 제법과는 무관하게 구성 원소 사이의 무게비는 일정하다는 법칙'이라고 불러. 프루스트의 발표가 나가자마자 화학자 베르톨레^{Claude Louis Berthollet}가 프루스트의 주장은 터무니없다며 그의 이론을 반박했어.

케미피어 무슨 근거로?

케미캔 베르톨레는 화합물 속의 물질들의 질량의 비는 화합물이 만들어질 때의 조건에 따라 달라진다고 생각했지. 그는 철의 산화물을 예를 들었어. 철의 산화는 철이 공기 중의 산소와 결합하는 걸 말해. 베르톨레는 어떤 철의 산화물에서는 철과 산소의 질량비가 56:16이고 또 다른 철의 산화물에서는 철과 산소의 질량비가 56:24라는 것을 알아냈지. 그는 이 사실로부터 프루스트의 말이 틀렸다고 공격했어.

케미큐브 누구의 말이 옳은 거지?

케미캔 두 사람은 이 문제로 8년 동안 싸웠지만 어떤 결론도 내지 못했어. 나중에 베르톨레가 말한 두 산화철은 같은 화합물이 아니라 두 종류의 서로 다른 산화철이라는 것이 알려졌지. 그러니까 프루스트의 말이 옳았던 거야.

케미피어 그게 원자랑 무슨 관계가 있지?

케미캔 돌턴은 두 원소가 서로 다른 화합물을 만드는 경우를 생각했어. 탄소와 산소의 화합물에는 이산화탄소와 일산화탄소가 있어. 일산화탄소에서는 탄소와 산소의 질량비가 12:16이고, 이산화탄소에서는 12:32가 되지. 돌턴은 같은 양의 탄소와 반응하는 산소의 질량비를 조사했어. 일산화탄소에서 탄소 1g과 반응하는 산소의 양은 $\frac{16}{12}$g이고 이산화탄소에서는 $\frac{32}{12}$g이 되므로 두 화합물에서 반응하는 산소의 질량비는 $\frac{16}{12} : \frac{32}{12} = 1:2$가 되어 간단한 자연수의 비를 이루게 돼. 돌턴은 이렇게 두 종류의 원소가 결합해 두 가지 이상의 화합물을 만들 때 한 원소의 일정한 양과 결합하는 다른 원소의 질량비는 항상 간단한 자연수비를 이룬다는 사실을 알아냈는데, 이것이 유명한 돌턴의 '배수비례의 법칙두 가지 원소가 결합하여 일련의 화합물을 만들 때, 한 원소의 일정량과 결합하는 다른 원소의 양 사이에는 간단한 정수비가 존재한다는 법칙'이야.

케미큐브 배수비례의 법칙이 원자와 무슨 관계가 있는지 모르겠어.

케미캔 간단한 실험을 해 볼게. 주머니 속에 여러 개의 검은 바둑알과 흰 바둑알이 섞여 있어. 검은 바둑알들과 흰 바둑알들을 서로 다른 원소에 비유하는 거야. 아무렇게나 한 움큼 꺼내 봐.

케미큐브 내가 해 볼게.

케미피어 나도 꺼내 볼게.

케미캔 이제 너희들이 꺼낸 바둑알로 화합물을 만들어 볼게.

케미캔 접착제로 붙인 두 물체는 검은색 바둑알 원소와 흰 바둑알 원소로 이루어진 두 종류의 화합물이라고 생각할 수 있어. 이때 두 화합물에서 한 개의 검은 바둑알과 결합한

흰 바둑알 개수의 비는 어떻게 되지?

케미피어 $\frac{2}{3} : \frac{1}{2}$ 이 돼.

케미캔   비례식에 같은 수를 곱해도 비 값이 같아지므로 이 비는 4:3으로 간단한 자연수의 비를 이루잖아? 이것은 주머니 속에 하나, 둘, 셋으로 헤아릴 수 있는 두 종류의 바둑알들이 들어 있었기 때문이야. 그러므로 이 비유에서 검은 바둑알 한 개는 검은 바둑알 원소를 이루는 가장 작은 알갱이인 검은 바둑알 원자를 나타내고 흰 바둑알 한 개는 흰 바둑알 원소를 이루는 가장 작은 알갱이인 흰 바둑알 원자를 나타내지. 즉, 배수비례의 법칙이 성립한다는 것은 바로 원소들이 원자 하나, 원자 두 개, 원자 세 개 등으로 헤아릴 수 있다는 것을 말해. 이때 바둑알 하나는 검은 바둑알 원소를 이루는 더 쪼개지지 않는 가장 작은 알갱이야.

케미큐브   원자의 종류는 여러 가지겠네.

케미캔   물론이야. 그래서 돌턴은 원자마다 기호를 만들었어.

케미피어   원소들에 대해 연금술사들이 만든 기호가 있어.

케미캔   돌턴은 연금술사들의 원소기호가 너무 복잡하다고 생각하고, 원소를 나타내는 원형 기호를 새로 만들었어.

케미큐브   정말 동그라미만으로 원소를 나타냈군. 산소는 왜 흰색 동그라미로 표시한 거지?

케미캔   산소는 아주 깨끗한 기체라고 생각했기 때문이야.

케미피어   탄소원자 기호는 C, 주기율표 제14족에 속하는 비금속 원소는?

케미캔   탄소는 시커멓잖아? 그래서 검은색 동그라미로 나타냈어.

케미큐브   수소는 왜 가운데에 점이 있지?

케미캔   수소는 폭발하는 기체야. 그래서 폭발을 나타내려고 점을 찍었어.

케미피어   금속들이 알파벳이 적혀 있네?

케미캔   철은 영어로 아이언^{Iron}이니까 맨 앞 철자 I를 넣었고, 금은 골드^{Gold}이니까 G를 넣었어. 이제 분자에 대해 공부해보자.

케미큐브   분자를 분모로 나눈 걸 분수라고 하는데. 헐! 이건 수학시리즈가 아니잖아?

케미캔   그 분자가 아니라 화학에서 나오는 분자.

케미피어   화학에도 분자가 나오나?

케미캔   프랑스의 과학자 게이뤼삭^{Joseph Louis Gay-Lussac}이 1805년에 두 종류의 기체를 섞는 실험을 했어. 그리고 두 기체가 모두 반응하여 새로운 기체를 만들 때 기체들의 부피의 비가 간단한 자연수의 비를 이룬다는 것을 알아냈지. 이것을 '기체 반응의 법칙'이라고 불러. 예를 들어, 수소 기체와 산소 기체가 반응하면 수증기가 생겨. 이때 수소 기체, 산소 기체, 수증기의 부피의 비는 2:1:2가 된다는 것을 알아낸 거야.

케미피어   수소 2ℓ와 산소 1ℓ를 섞으면 수증기 2ℓ가 되네.

케미큐브   신기하네. 수증기 3ℓ가 만들어질 거 같은데…….

케미캔   이 반응은 돌턴의 원자로 설명할 수 없어.

케미피어   그건 왜지?

케미캔 수소 기체가 수소 원자로 이루어져 있고, 산소 기체는 산소 원자로 이루어져 있고, 수증기는 수소 원자 1개와 산소 원자 1개로 이루어져 있다고 해 봐. 이때 수소 2부피와 산소 1부피가 만나 물(수증기) 2부피가 되는 과정은 다음 그림과 같아.

케미피어 헐! 산소 원자가 반으로 쪼개졌어.

케미큐브 원자는 쪼개질 수 없잖아?

케미캔 그러니까 기체들이 반응할 때 원자로 반응하는 게 아닌 거야. 이 주장은 이탈리아의 물리학자 아보가드로^{Amedeo} ^{Avogadro}가 했지. 아보가드로는 적당한 수의 원자들이 모여서 분자를 이룬다고 생각했어. 수소 분자는 수소 원자 2개가 모여서, 산소 분자는 산소 원자 2개가 모여서. 그러면 수소 분자와 산소 분자가 2:1의 부피 비로 반응하면 다음과 같아.

케미큐브   수증기 분자는 수소 원자 2개와 산소 원자 1개로 이루어
져 있네.

케미캔   물론. 그때 수소 기체와 산소 기체와 수증기 기체의 부피
의 비는 2:1:2가 되잖아? 예를 들어, 수소 10ℓ와 산소 10
ℓ를 반응시켜 수증기를 만들면 수증기 20ℓ가 되지 않고,
수증기 10ℓ가 돼. 반응에 참여하는 기체의 부피의 비가
2:1:2이므로 수소 10ℓ와 산소 5ℓ가 만나 수증기 10ℓ를
만들지. 이때 남은 산소 5ℓ는 수증기를 만드는 데 사용되
지 않고 산소 기체 남게 되지.

케미큐브   그렇군. 그럼 기체들이 반응할 때는 원자가 아니라 분자
로 반응하는 거네.

케미캔   맞아.

케미피어   분자의 크기는 어느 정도야?

케미캔 분자의 종류에 따라 달라. 보통 빗방울의 반지름은 약 1 ㎜인데 빗방울 하나에는 엄청나게 많은 물 분자들이 들어 있어. 반지름이 1㎜인 빗방울 속의 물 분자를 일렬로 늘어놓으면 둘레가 40,000㎞인 지구를 160바퀴나 돌 수 있는 거리가 돼. 자! 이제 웹툰을 보자.

케미캔   이 웹툰은 기체의 분자운동을 설명해 줘.

케미큐브   어떤 운동이지?

케미캔   기체의 확산이라는 운동이야. 분자들은 쉬지 않고 움직여. 맛있는 빵에서 냄새가 나는 것은 분자들이 제멋대로 움직여 모든 방향으로 퍼져 나가기 때문이야.

케미큐브   방귀 냄새가 교실에 퍼지는 것도 확산이네. 분자는 액체를 지나갈 때보다는 기체를 지나갈 때 더 빨리 확산되지. 그러니까 분자들의 확산이 가장 빠른 곳은 바로 공기가 없는 곳이야.

케미피어   이 웹툰에서 유나 씨의 발냄새도 분자의 확산 운동이네.

케미캔   맞아. 겨울에 난방하는 식당에서 신발을 벗으면 발 냄새가 빠르게 확산될 수 있어. 뜨거울수록 기체 분자는 점점 더 빠르게 확산되니까.

케미큐브　　겨울에는 신발을 벗지 않는 식당에 가야겠군.

케미피어　　요즘 신발 벗는 식당이 거의 없어.

케미큐브　　발 냄새 때문인가?

케미캔　　그럴지도.

수소
동아리

베릴륨
동아리

붕소
동아리

탄소
동아리

• 주기율표

질소
동아리

산소
동아리

불소
동아리

헬륨
동아리

이화학박사 케미캔, 케미피어, 케미큐브 집합! 축하한다. 연금술에서 화학으로 발전하는 과정에 대한 학습을 마쳤으므로 너희들은 한 단계 업그레이드되었다. 너희들의 능력은 향상되었지만 포이즌 백작과 어리바리스의 능력은 그대로이므로 너희들과 포이즌 백작과의 대결은 조금 더 쉬워질 것으로 생각한다.

케미캔 이번 여행에서는 어떤 부분을 학습하나요?

이화학박사 이번 여행의 미션은 물질과 사귀는 것이다.

케미큐브 물질과 어떻게 사귀죠?

이화학박사 물질이 가진 여러 가지 성질들에 대해 학습하라는 뜻이다.

케미피어 어떤 성질들이죠?

이화학박사 압력, 아르키메데스의 원리, 보일의 법칙, 열의 성질 등 물질이 가진 재미있는 성질을 알아보면서 물질과 친해져야 한다.

케미캔 그렇군요. 이번에는 어떤 부분이 특히 업그레이드되죠?

이화학박사 너희들이 첫 번째 미션을 마치고 충전될 때, 너희들의 인공지능에 물질의 성질과 관련된 많은 영화와 책에 대한 내용을 업그레이드시켜 놓았다.

케미피어 책과 영화에 대한 업그레이드니까 이번에는 내 역할이 크겠군.

케미캔 무슨 소리? 나도 책과 영화를 좋아한다고.

1 눌러 눌러 압력

케미큐브   오늘 임무는 뭘까?

케미캔   글쎄 나도 잘 모르겠어.

케미피어   박사님이 이번에는 어떤 임무를 주시려나.

케미캔   이번에도 재미있는 미션을 주셨으면 좋겠어.

케미큐브   난 별로야.

케미캔   막상 미션 해결하면 너도 엄청 성취감을 느끼잖아?

케미피어   맞아. 사람들이 어려움에 빠지면 제일 먼저 달려가면서…….

케미큐브   그렇긴 하지.

캐미피어   이번에도 정말 보람을 느낄 수 있을 거야.

캐미캔   일단 가상현실로 이동해 보자. 박사님이 어떤 미션을 주셨는지 확인해 보자고.

케미캔	어리바리스가 '압력'을 이용해서 사람들을 공격했어.
케미큐브	압력이 뭐지?
케미캔	힘을 넓이로 나눈 것이 압력이야.
케미큐브	같은 힘이라도 그 힘이 작용하는 넓이가 작아지면 압력이 커지네.
케미캔	맞아. 송곳을 뾰족하게 만드는 건 큰 압력을 얻기 위해서야. 뾰족해지면 힘이 작용하는 넓이가 작아지니까 압력이 커지거든. 이렇게 큰 압력으로 두꺼운 종이를 뚫을 수 있는 거야.
케미피어	어리바리스가 돌멩이 끝을 뾰족하게 바꿔 사람들의 발에 큰 압력이 작용한 거로군.

케미캔	맞아. 일상생활에서 큰 압력을 이용하는 가장 보기 쉬운 건 주사기와 식칼이야. 주사기 끝이 뾰족해 사람의 피부에 쉽게 들어가고, 식칼 날은 접촉하는 면과 닿는 넓이가 작아 적은 힘으로도 음식 재료들을 쉽게 자를 수 있게 되지. 모두 압력을 잘 이용한 도구들이라고 할 수 있어.
케미큐브	큰 압력을 이용하는 경우가 있어?
케미캔	스케이트의 날이 날카로운 것도 큰 압력과 관계있어.
케미큐브	왜지?
케미캔	스케이트 날이 날카로우면 얼음과 닿는 넓이가 작아지지. 날카로운 날 위에 사람의 몸무게라는 압력이 가해져. 그러면 큰 압력이 작용해 눌린 얼음이 순간적으로 물로 변하거든. 그래서 스케이트가 얼음 위를 잘 미끄러질 수 있는 거야.
케미큐브	하지만 스노보드는 바닥이 날카롭지 않잖아?
케미캔	스노보드는 미끄러운 얼음 위가 아니라 푹신푹신한 눈 위에서 타잖아? 그러니까 눈에 압력을 작게 주어야 해. 눈에 큰 압력을 주면 눈 속에 빠져 버리거든.
케미큐브	압력은 커야 좋을 때도 있고, 작아야 좋을 때도 있구나.
케미캔	화물 트럭의 바퀴가 승용차보다 많은 것도 작은 압력을 이용하기 위해서야. 화물 트럭은 무거운 짐을 싣거든. 그러니까 짐의 무게를 여러 개의 바퀴에 분산시켜, 바퀴 하

나가 받는 압력이 작게 만들어야 해. 승용차처럼 바퀴가 네 개뿐이라면 바퀴 하나에 큰 압력이 가해져 바퀴가 터질 수도 있거든.

케미캔　작은 압력을 이용한 거야. 내 몸무게가 널빤지를 통해 아래에 있는 여러 개의 풍선으로 분산되어 풍선 하나가 받는 압력은 줄어들었기 때문이지. 다리에서 과적 차량을

단속하는 것도 압력과 관계되어 있어.

케미큐브 그건 왜지?

케미캔 과적 차량은 정해진 무게보다 짐을 많이 실은 차를 말해.
그런 과적 차량이 다리를 지나가면 한 지점에만 압력이
가해져서 휘어지거나 끊어질 수 있어. 다시 가상현실!

모래밭

모래 사막으로 변신!

으악!

악~

빨려 들어간다

작은 압력을 이용하자!

어푸

어푸- 어푸

엎드리니까 압력이 작아져 모래사막에 안 빠지는구나.

케미캔	압력을 이용하면 무거운 물체도 쉽게 들어 올릴 수 있어.
케미큐브	어떻게?
케미캔	아래에 있는 그림을 봐.
케미캔	용기에는 두 개의 관이 있어. 하나의 관은 가늘고 또 하나의 관은 두껍지. 이 용기에 물을 채우면 두 관에는 같은 높이까지 물이 올라가. 그리고 두 개의 관에 판을 올려놓았어. 그러니까 폭이 좁은 관에 올려져 있는 판은 작고, 폭이 넓은 관에 올려져 있는 판은 넓지. 이때 좁은 관에 있는 판을 작은 힘으로 누를 경우 폭이 넓은 관 위에 올려진 판은 큰 힘이 가해져 올라가. 이것을 최초로 발견한 사람은 프랑스의 사상가이자, 수학자, 물리학자인 파스칼 Blaise Pascal이야. 그래서 이것을 '파스칼의 원리'라고 불러.
케미큐브	이 현상이 왜 압력과 관계있는 거야?

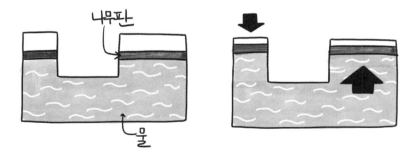

• 작은 판을 누르면 압력이 커져서 큰 판에도 큰 압력이 가해진다.

케미캔　가는 관에 있는 판을 누르면 판 밑에 있는 물이 압력을 받아. 이 압력은 물의 모든 곳에 같은 크기로 전달되지. 그러니까 굵은 관 위에 있는 판에도 같은 압력이 작용하는 거야. 그러니까 작은 판이 있는 곳의 압력과 큰 판이 있는 곳의 압력이 같거든. 압력은 힘을 넓이로 나눈 것이니까. 식으로 나타내면 다음과 같아.

(작은 판에 작용한 힘) = (작은 판에 작용한 압력) × (작은 판의 넓이)

(큰 판에 작용한 힘) = (큰 판에 작용한 압력) × (큰 판의 넓이)

그런데 두 압력이 같으니까 판의 넓이가 넓을수록 큰 힘이 작용하지. 그러니까 넓이가 작은 판에 작은 힘을 작용해도 큰 판에는 큰 힘이 작용하는 거야.

2 〉 아르키메데스의 원리

케미큐브 오늘 주제는 뭐지?

케미피어 '아르키메데스의 원리'야.

케미큐브 아르키메데스^{Archimedes}?

케미피어 응. 아르키메데스는 기원전 287년 무렵 그리스 시칠리아 섬에 있는 시라쿠사에서 태어난 과학자야. 《포물선의 구적》, 《구와 원기둥에 대하여》를 비롯해 《포물선의 구적》 등의 책을 쓰기도 했지.

케미캔 아르키메데스 원리를 알려면 먼저 부력에 대해 알아야 해.

케미큐브 부력?

케미캔 응. 가상현실로 가 보자.

케미큐브	케미캔! 수고했어.
케미캔	어리바리스는 시도 때도 없이 나타나는군.
케미큐브	공기는 왜 들이마신 거야?
케미캔	물에 뜨기 위해서 공기를 들이마셨어. 물속에 잠긴 물체는 무게와 반대 방향인 위로 뜨려는 힘을 받아. 이 힘을 부력이라고 불러.
케미큐브	물에 가라앉는 물체는 부력을 안 받는 거야?
케미캔	물에 뜨는 물체든 가라앉는 물체든 똑같이 부력을 받아.
케미큐브	그럼 왜 어떤 물체는 가라앉고 어떤 물체는 뜨는 거지?
케미캔	그것은 부력과 무게의 힘겨루기 때문이야. 부력과 무게가 같으면 부력과 무게는 반대 방향으로 힘이 작용하니까 물체에 작용하는 전체 힘이 0이 돼. 물체는 힘을 받지 않으면 제자리에 있거든. 그래서 물체는 물에 뜨게 되는 거야. 하지만 무게가 부력보다 크면 물체는 무게가 작용하는 방향인 아래 방향으로 움직이면서 바닥에 가라앉는 거야.
케미피어	탁구공은 부력과 무게가 같고, 골프공은 무게가 부력보다 크군.
케미캔	맞아. 물에 뜨는지 가라앉는지를 판단하려면 물체의 밀도가 물의 밀도보다 작은지 큰지 따지면 돼. 물보다 밀도가 작은 물체는 물에 뜨고, 물보다 밀도가 큰 물체는 물에

가라앉아.

케미큐브　얼음은 왜 물에 뜨지? 얼음이나 물이나 같은 물질이잖아?

케미캔　물론. 물의 고체 상태가 얼음이지. 하지만 물이 얼음이 되면 10분의 1쯤 부피가 커지거든. 그러니까 질량은 같은데 부피가 커지니까 밀도는 작아져. 얼음의 밀도는 물 밀도의 10분의 9 정도야.

케미큐브　얼음의 밀도가 물의 밀도보다 작아서 뜨는구나.

케미피어　그래서 북극 빙산이 물에 둥둥 떠 있구나.

케미큐브　사람은 저절로 물에 뜨지 않지?

케미캔　물론이야. 사람의 밀도는 물보다 크거든. 하지만 사람이 튜브에 타면 사람과 튜브를 합친 물체의 밀도는 물의 밀

도보다 작아져. 그래서 물에 떠 있을 수 있지. 구명조끼를 입는 것도 같은 원리야.

케미피어 어리바리스가 쇠구슬을 튜브 배에 올려놔서 밀도를 물의 밀도보다 크게 만들었군. 그래서 가라앉은 거였어. 그리고 케미캔이 공기를 잔뜩 들이마셔 부피를 크게 한 건 물의 밀도보다 작게 만들어 떠 있기 위한 거였어.

케미캔 맞아. 자! 이제 아르키메데스의 원리가 무엇인지 공부해야 해.

케미피어	금보다 밀도가 작은 금속을 섞어 금관을 만들면 물에 넣었을 때 흘러나오는 물이 왜 더 많은 거지?
케미캔	가득 채운 물속에 물체를 넣으면 물체가 물에 잠긴 부피만큼의 물이 넘쳐 흐르게 돼.
케미큐브	그건 알겠어. 그런데 왜 그것이 밀도와 관계되는 거지?
케미캔	아르키메데스는 금관과 똑같은 무게의 금덩어리를 준비했어. 금은 다른 금속들보다 밀도가 커. 그러니까 금보다 밀도가 작은 값싼 금속을 섞으면 더 많은 양의 금속을 넣어야 해. 그러니까 순금으로 금관을 만들 때보다 부피가 더 커지게 되지.
케미큐브	아하. 그래서 순금의 일부를 다른 값싼 금속과 바꿔 넣어 금관의 부피가 더 커졌구나.
케미피어	부피가 커져서 물이 더 많이 넘쳐 흐르게 된 거고.
케미캔	맞아. 이 원리를 '아르키메데스 원리'라고 불러. 이 원리를 이용하면 물체의 부피를 계산할 수 있어.
케미큐브	물체를 가득 채워져 있는 물에 넣고 넘쳐 흐른 물의 부피를 측정하면 되는 거지.

3 보일의 법칙

케미캔 오늘 주제는 뭐지?

케미피어 '보일의 법칙'에 대해 공부할 거야.

케미큐브 보일?

케미피어 로버트 보일Robert Boyle은 아주 유명한 화학자야. 보일은 1627년 영국의 워터퍼드Waterford에서 태어났어. 보일의 아버지는 백작이었기 때문에 보일은 부유하게 자랐지. 보일은 어릴 때부터 신동 소리를 들었고, 여덟 살에는 영재들만 다닌다는 이튼학교Eton Collge에 입학했어.

케미피어 보일은 원래 물리를 공부하려고 했고, 열네 살 때 갈릴레이를 만나러 이탈리아로 갔지.

케미캔 만났어?

케미피어 아니. 갈릴레이가 이미 죽은 후라 꿈을 이루지 못했어.

케미큐브 그래서 물리 대신 화학을 공부하게 되었구나.

케미피어 그런 셈이야. 케미캔, 보일은 공기에 대해 많은 연구를 했
다는데 어떤 내용이지?

케미캔 보일은 공기에 대한 연구를 많이 했어. 그리고 공기를 빼
내는 방법에 대해서 많이 연구했지. 보일은 빈 용기 속에
서 공기만 빼내는 장치를 만들고 이것을 공기 펌프라고
불렀어.

케미큐브 공기를 빼내면 아무것도 남지 않잖아?

케미캔 그런 상태를 진공이라고 해. 보일은 진공에 대한 연구도
많이 했어. 그는 진공 속에 공기를 채우면서 기체의 압력
과 부피 사이의 관계에 대한 위대한 발견하게 되지. 바로

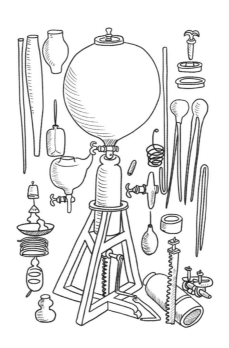

• 보일이 발명한 펌프.

'보일의 법칙'이야. 보일은 진공 상태를 만들 수 있게 되자, 용기 속에 공기를 다시 채우고 압력을 다르게 하면 부피가 어떻게 변하는지 관찰했어. 그 결과 압력이 작을 때 오히려 기체의 부피는 커지고 압력이 커지면 기체의 부피는 작아진다는 것을 알게 되었지.

케미피어   압력과 부피가 반대로 행동하는군.

케미캔   맞아. 기체의 압력이 부피와 반비례한다는 성질을 발견한 거지.

케미큐브	반비례?
케미캔	두 가지 양의 곱이 일정한 값이 될 때, 두 양은 반비례한 다고 말해. 예를 들어, 빵 12개를 4명이 나누어 먹으면 한 사람이 몇 개씩 먹을 수 있지?
케미큐브	3개.
케미캔	빵 12개를 6명이 나누어 먹으면?
케미피어	2개.
케미캔	빵을 더 많은 사람에게 나누어 주면 한 사람이 먹는 양은 줄어들잖아? 그러니까 사람 수와 한 사람이 먹는 빵의 개 수는 반비례해. 이것을 식으로 쓰면 일정한 값이 되지.

(사람 수)×(한 사람이 먹는 빵의 개수)=12

보일은 기체의 압력과 부피에 대해서도 기체에 작용한 압력과 기체의 부피를 곱하면 일정하다는 반비례 관계식 을 찾아냈어. 이것이 바로 유명한 보일의 법칙이야.

(기체에 작용한 압력)×(기체의 부피)=(일정)

케미큐브	아하! 기체에 작용하는 압력이 부피에 영향을 준다는 게 보일의 법칙이구나.

케미피어	궁금한 게 있어.
케미캔	뭐가?
케미큐브	물속에서도 압력을 느낄 수 있을까?
케미캔	물론이지. 물속에 들어가면 물이 누르는 압력을 받아. 그것을 수압이라고 해.
케미큐브	물에도 누르는 힘이 있다는 게 잘 이해가 안 돼.
케미캔	물도 중량이 있어. 그래서 그 무게가 압력을 주는 거야. 다음 그림을 봐. 물속에 들어가 있는 캐릭터 위에 물기둥이 있지? 이 물기둥의 무게 때문에 물속에서 압력을 받아. 물속 깊이 들어갈수록 물기둥의 높이가 커지니까 물

기둥의 무게 역시 커져. 그래서 바다 깊은 곳에 들어가면 더 큰 압력을 받지.

케미캔 자! 이제 영화를 리메이크할 시간이야. 이번에도 잘 만들어 보자.

케미큐브 어떤 영화?

케미캔 쥘 베른의 〈해저 2만 리〉

케미큐브 재미있겠는 걸.

영화 ; 해저 2만 리
원작 ; 쥘 베른(1869년), 시나리오 ; 케미캔

이건 괴물이 아니라 잠수함이라는 새로운 형태의 배입니다. 이름은 노틸러스호이지요.

괴물 속에 사람이 있는 줄 몰랐습니다.

위!

잠수함은 쇳덩어리 잖아요? 쇠는 물보다 밀도가 커서 가라앉을 텐데 어떻게 가라앉지 않고 움직일 수 있는 거죠?

아로낙스 박사

이 잠수함 속에는 커다란 탱크가 있어요. 그 탱크에 공기를 가득 채우면 잠수함의 밀도가 물보다 작아져서 물 위에 뜹니다. 반대로 탱크에 물을 채우면 밀도가 물보다 커져서 물에 가라앉게 되지요.

감지합니다.

으악!

헉!

뿡

응?

도망쳐!

콩세유! 너무 빠르게 올라가면 안 돼. 위로 올라가면 수압이 작아져. 그러면 기체의 부피는 커진단 말이야. 그럼 보일의 법칙 때문에 혈관 속 질소의 부피가 커져서 위험해. 옆을 봐. 네가 뀐 방귀 기포가 점점 커지잖아

4 뜨거 뜨거 열

케미피어	에고, 열 받아! 어리바리스가 내 컴퓨터를 해킹하고, 바이러스를 심었어.
케미큐브	바이러스는 내게 맡겨. 만능 백신 프로그램이 있거든.
케미피어	땡큐.
케미캔	오늘 미션은 열에 대한 거야.
케미큐브	열? 열이 많으면 뜨겁고, 열이 적으면 찬 것?
케미캔	그건 물체의 뜨겁고, 차가운 정도를 나타내는 온도야.
케미큐브	그럼 열은 뭐지?
케미캔	열은 에너지야. 뜨거운 곳에서 차가운 곳으로 흐르는 에너지. 물체가 열을 받으면 물체의 온도는 올라가고 물체가 열을 잃으면 물체의 온도는 내려가지.
케미피어	왜 열을 받으면 온도가 올라가지?

케미캔 　모든 물질은 분자라는 작은 알갱이로 이루어져 있어. 분
　　　　자들은 열을 받으면 에너지를 얻어 빨리 움직이거든. 분
　　　　자들이 빠르게 움직이면 온도가 높고 분자들이 느리게
　　　　움직이면 온도가 낮아.

케미캔 　분자들의 온도에 따라 달라진다는 게 신기하다.

케미피어 　그렇지? 이제 가상현실로 가 보자!

라보때라면 이탈리아 요리인가요? 이름이 아주 멋지네요.

라면 보통으로 때우는 것의 줄임말입니다. 혼밥으로는 최고의 요리지요.

헐...

끓는 물에 넣은 라면 면발을 자꾸 들어 올려서 공기와 만나게 해야 맛있습니다.

앗! 뜨거

못하겠어요.

저게

식사 후에는 보라차가 제력이죠. 미지근한 물을 만들어 보겠습니다

먼저 찬물 붓고

COLD

그다음 뜨거운 물 붓고

HOT

앗! 뜨거워! 입이 데일 뻔했잖아요.

머쓱...

그럴리가 없어요. 찬물과 더운물을 섞으면 대류가 일어나요. 더운물에서 찬물로 열이 이동해서 찬물은 열을 얻고 더운물은 열을 잃어서 찬물과 더운물의 온도가 같아져 미지근한 물이 돼요.

미지근한 물이 아닌데요?

80℃

4℃

케미큐브 어리바리스가 라면을 젓가락으로 저을 때 왜 뜨거워한 거지?

케미캔 어리바리스가 화학을 잘 몰라서 그래.

케미큐브 무슨 문제가 있었어?

케미캔 같은 열을 받아도 물질에 따라 온도가 팍팍 잘 올라가는 게 있는가 하면 아주 느릿하게 올라가는 게 있어. 어떤 물질 1g을 1도 올리는 데 필요한 열의 양을 비열이라고 해. 그러니까 비열이 크면 1도를 올리는 데 많은 열이 필요하고 비열이 작으면 적은 열이 필요해. 같은 열을 받아도 비열이 큰 물질이 더 빨리 뜨거워져. 그러니까 라면을 저을 때 쇠젓가락을 사용하면 안 돼.

케미피어 그럼 어떤 젓가락을 사용해야 하는데?

케미캔 비열이 작은 나무로 된 젓가락을 사용해야 해. 나무는 비열이 작거든.

케미피어 어리바리스가 비열을 몰랐군.

케미큐브 어리바리스가 찬물에 더운물을 섞었는데 왜 미지근해지지 않은 거지?

케미캔 열이 뜨거운 물체에서 차가운 물체로 이동하는 세 가지 방식이 있어. 세 가지 방식은 전도, 대류, 복사라고 하지. 뜨거운 물에 담긴 쇠젓가락을 만지면 뜨거워지는 건 열의 전도 때문이야. 젓가락처럼 고체 상태의 물질을 통해 뜨거운 곳에서 차가운 곳으로 열이 이동하는 것을 전도라고 불러.

케미큐브 대류는?

케미캔 대류는 물이나 공기처럼 액체나 기체 상태의 물질을 통해 열이 이동하는 방식이야. 찬물과 더운물을 섞어 미지근한 물이 되는 건 열의 대류 때문이야.

케미피어 어리바리스는 찬물과 더운물을 섞었잖아? 그런데 왜 대류가 안 일어난 거지?

케미캔 대류는 아래쪽에 있는 액체나 기체가 위쪽보다 온도가 높을 때 일어나. 그러니까 미지근한 물을 만들려면 먼저 뜨거운 물을 받고 그 위에 차가운 물을 부어야 해. 그러면 뜨거운 곳의 분자가 위로 올라가 위쪽의 차가운 물에 열을 전달해 주면서 미지근한 물이 되는 거야. 하지만 반대로 차가운 물이 아래에 있고 뜨거운 물이 위에 있으면 대류가 잘 일어나지 않아.

케미큐브 복사는 뭐지?

케미캔 전도는 고체 상태의 물질을 통해 열이 이동하는 방식이고, 대류는 액체나 기체 상태의 물질을 통해 열이 이동하는 방식이야. 그런데 물질을 통하지 않고 직접 뜨거운 물체에서 차가운 물체로 열이 이동하는 방식이 있는데 그걸 복사라고 불러. 지구는 태양이 없으면 차가운 행성이 되어 아무도 살 수 없을 거야.

케미큐브 태양의 열이 지구로 이동하기 때문에 지구가 따뜻해지는 거네.

케미캔 맞아. 그런데 태양과 지구 사이에는 물질이 없거든. 그런데도 태양의 열이 지구로 이동하잖아? 이게 바로 복사를 통한 열의 이동이야.

케미피어 열을 전달하는 물질이 없는데 어떻게 열이 이동한 거지?

케미캔 빛을 통해서 열이 이동하는 거야. 태양은 지구에 빛을 보내고 있지? 지구는 태양에서 온 빛을 흡수해. 그러면 빛이 가진 에너지를 받아 지구의 온도가 올라가는 거야. 열도 에너지이기 때문이지. 그래서 겨울보다는 태양 빛을 많이 받는 여름이 더운 거야.

케미피어 추울 때 사람이 많아지면 방이 더워지는 건 왜 그래?

케미캔   그것도 열의 복사 때문이야. 사람의 체온은 36.5도야. 이
온도의 사람도 복사를 통해 열을 이동시키거든.

케미큐브   열의 복사는 빛을 통해 이루어진다고 했잖아? 사람 몸에
서는 빛이 나오지 않는데.

케미캔   사람 몸에서 빛이 나와. 다만 우리 눈에 안 보이는 적외선
이 나오기 때문이지. 즉, 사람 몸에서 나온 적외선이 다른
사람 몸에 흡수되어 체온을 올려 주는 거야. 그러니까 추
운 실내에 사람이 많으면 많을 수록 복사를 통해 열을 많
이 받아 따뜻해지는 거야.

케미캔	겨울에 검은색 옷을 주로 입고, 여름에 흰옷을 주로 입는 이유를 알아?
케미큐브	빛의 흡수와 관계있겠네.
케미캔	맞아. 검은색 옷은 모든 색의 빛을 잘 흡수하는 성질이 있어. 그러므로 검은색 옷을 입으면 태양 빛이 잘 흡수되어 몸에 열이 잘 공급되어 체온이 올라가. 반대로 흰옷은 태양 빛을 덜 흡수하니까 몸에 열이 덜 공급되어 시원한 거야. 여름에 냉장고가 없을 때 물을 시원하게 하는 방법이

있어.

게미피어   뭐지?

게미캔   물병을 사방이 거울로 되어 있는 용기 안에 넣어 두는 거
야. 그러면 거울이 태양 빛을 반사시키니까 태양에서 온
열이 물병으로 잘 이동하지 않거든.

게미피어   그게 보온병의 원리야?

게미캔   보온병은 조금 다른 구조야. 보온병은 이중벽으로 되어
있고 두 벽 사이에는 진공이야. 진공 속에는 열을 전달할
물질이 없으므로 보온병 안의 열이 밖으로 빠져나갈 수
없어 보온병 안의 온도가 일정하게 유지되는 거야.

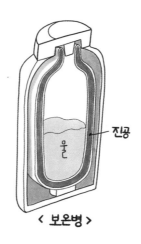

< 보온병 >

5 〉 물질의 상태 변화

케미캔　오늘은 물질의 상태 변화에 대한 공부를 할 거야.

케미피어　물질? 물체? 다른 말이야?

케미캔　물체는 일정한 모양을 지니고 공간을 차지하는 것을 말하고, 물질은 물체를 만드는 재료를 말해. 유리는 물체가 아니고 물질이야. 유리창처럼 유리로 만든 것은 물체라고 하고, 또 풍선은 고무라는 물질로 만든 물체이고, 책상은 나무라는 물질로 만든 물체야.

케미피어　연필은 나무로 만든 물체로군.

케미캔　아니. 연필은 두 가지 물질로 이루어진 물체야. 연필심은 나무가 아닌 흑연이라는 물질로 이루어져 있으니까. 즉, 연필은 나무와 흑연이라는 두 물질로 이루어진 물체야.

케미큐브　상태 변화는 무슨 말이야?

케미캔   물질은 세 가지 상태가 있어. 고체, 액체, 기체로 구분할 수 있지.

케미피어   세 가지 상태는 어떻게 다르지?

케미캔   교실을 떠올려 봐. 엄청 무서운 선생님이 눈을 부라리며 들어오면 아이들이 꼼짝도 못 하고 앉아 있지? 이렇게 물질을 구성하는 분자들이 제자리를 지키며 있으면서 꼼지락거리기만 하는 상태를 고체라고 해. 보통 고체는 딱딱하지. 물이 고체 상태일 때를 얼음이라고 하는 거야.

케미피어 그럼 액체 상태는?

케미캔 쉬는 시간을 생각해 봐. 교실 밖으로는 나가지 못해도 옆 친구 자리 등 짧은 거리는 움직일 수 있지? 이렇게 분자들이 조금 자유로워지는 상태가 바로 액체야. 액체는 졸졸졸 흐르는 성질이 있지. 우리가 마시는 물이 바로 액체 상태이지.

케미큐브 기체는?

케미캔 수업이 끝난 후를 떠올려 봐. 집에 가는 아이들, 학원 가는

아이들, 음악회 가는 아이들. 이런 식으로 여기저기로 뿔뿔이 흩어지잖아? 이렇게 분자들이 여기저기로 마구 휘젓고 돌아다니는 상태가 바로 기체 상태야. 물의 기체 상태를 수증기라고 하지. 상태 변화는 바로 물질의 상태가 바뀌는 걸 말해. 액체가 고체나 기체가 되는 변화를 말하는 거야.

케미큐브 세 가지 상태가 교실 하나로 모두 설명되는군.

케미피어 왜 물질의 상태가 변하는 거지?

케미캔 그건 바로 온도 때문이야. 물질은 분자로 이루어져 있는

데 온도가 높아지면 빠르게 움직이거든. 그러니까 분자와 분자 사이의 거리가 멀어져서, 온도가 올라가면 고체에서 액체로 액체에서 기체로 변하는 거지.

케미큐브   아하! 그래서 겨울에 물이 어는구나.

케미캔   맞아. 고체와 액체 사이의 변화에 대해 먼저 알아볼게. 두 가지가 있어.

케미큐브   고체가 액체로 되는 것.

케미피어   액체가 고체로 되는 것.

케미캔   맞아. 액체가 고체로 되는 것을 응고라고 불러.

케미큐브   물이 얼음이 되는 게 물이 응고된 것이구나.

케미피어   액체가 고체로 되려면 온도가 낮아야겠군.

케미캔   물이 얼음이 되는 것처럼 다른 액체들도 온도가 내려가면 고체가 돼. 온도가 내려간다는 것은 가지고 있던 열을 잃어버리는 거야. 열을 잃으면 분자들의 에너지가 작아지거든. 물은 0도에서 고체인 얼음으로 변하지.

케미큐브   물질의 상태가 변하면 부피가 달라져?

케미캔   물론이지. 물은 고체인 얼음이 되면 부피가 커져.

케미큐브   모든 액체가 고체가 되면 부피가 커져?

케미캔   아니. 그렇지는 않아. 물만 예외야. 물이 아닌 다른 액체는 고체 상태가 되면 오히려 부피가 작아지거든.

케미피어   우와! 콜라 병이 박살이 났네.

케미큐브   콜라 속 물이 얼음이 되면서 부피가 커졌기 때문이네.

케미캔   이번에는 반대로 고체가 액체가 되는 과정을 알아볼게. 이 과정을 화학자들은 융해라고 불러.

케미피어   봄이 되면 겨울 동안 얼었던 개울물이 녹아 흐르는 것 같은 거네.

케미캔   맞아. 얼음은 0도에서 액체인 물로 변하지. 온도가 올라가서 분자들 사이가 멀어지면서 액체 상태의 물이 되는 거지.

케미큐브   모든 물질이 0도에서 얼어?

케미캔   아니. 아주 추운 날 강물이 얼기도 하지? 하지만 바닷물은 잘 얼지 않잖아? 그 이유는 뭘까?

케미큐브   바다가 더 넓어서 그런가?

케미캔   강물과 달리 바닷물 속에는 소금이 들어 있어. 순수한 물은 0도에서 얼지. 하지만 바닷물은 그 속에 녹아 있는 소금 때문에 순수한 물보다 더 낮은 온도에서 얼어. 바닷물은 강물이 어는 온도보다 낮은 온도에서 얼지. 그래서 바닷물이 강물보다 잘 얼지 않는 거야.

하지만 너무 추워지면 바닷물도 얼어. 북극 바다처럼. 액체가 고체로 변하는 온도를 어는점이라고 해. 그런데 어는점은 액체마다 달라. 수은은 물보다 훨씬 낮은 영하 39도에서 얼고, 알코올은 영하 130도에서 얼지. 자동차는 엔진에 열이 많아지면 뜨거워진 엔진을 식히기 위해 냉각수가 있어야 해. 여름에는 냉각수를 물로만 사용해. 하지만 겨울이 되면 기온이 영하로 내려가면서 냉각수가 얼어버릴 수 있어. 그래서 겨울에는 어는점이 낮은 알코올과 물을 섞어서 엔진을 냉각시키지.

케미피어   눈 오는 날 거리에 염화나트륨을 뿌리는 것도 같은 이유인가?

케미캔   맞아. 길이 얼지 않게 하기 위해 염화나트륨을 뿌리는 거야. 그러면 눈의 어는점이 낮아져서 겨울에도 잘 얼지 않거든. 같은 종류의 액체라 해도 어는 점이 모두 같지는 않아. 똑같은 소금물이라도 농도가 진할수록 어는점이 낮아지거든.

케미큐브   이제 기체와 액체 사이의 상태 변화에 대해 알아볼까?

케미캔   오케이. 먼저 액체가 기체가 되는 것에 대해 이야기해 볼까?

케미큐브   물이 끓어 수증기가 되는 거 말이지?

케미캔   맞아. 이 현상을 기화라고 하는데 물의 경우 100도에서 기화가 이루어지지.

케미피어   물이 끓을 때 연기가 나오는 게 바로 수증기인 거야?

케미캔   아니야. 수증기는 눈에 보이지 않아. 물이 끓을 때 보이는 연기는 뜨거워진 물방울들이 위로 올라가는 거야. 그러니까 안개나 구름처럼 액체 상태인 셈이지. 이 물방울들이 좀 더 에너지를 얻으면 기체인 수증기가 돼. 수증기는 우리 눈으로 볼 수 없지.

케미피어   뜨거운 여름에 호수에 물이 말라붙는 것도 기화 때문이지?

케미캔   맞아. 그런데 이 기화 현상은 물이 끓는 것과 조금 달라. 증발이라고 하거든. 증발은 물 표면의 물 분자들이 열을 얻어 기체인 수증기로 변하는 것을 말하고, 끓는 것은 물 속에서 물이 수증기로 변해 기포가 보글보글 생겨 물 표면으로 올라갔다가 공기 중으로 날아가는 현상이야. 둘 다 기화 현상이지. 뜨거운 여름에는 호수 표면에 있는 물 분자들이 열을 받아 온도가 올라가서 수증기로 변하기 때문에 호숫물이 점점 줄어들게 되는 거야. 목욕하고 밖으로 나오면 춥지? 그것도 증발 때문이야.

케미피어   어떻게?

케미캔   피부에 붙어 있던 물방울들이 증발하려면 열이 필요하지. 그래서 네 피부로부터 열을 빼앗아 온도가 낮아지지. 그래서 추위를 느끼는 거야.

케미큐브   기화의 반대는 기체가 액체가 되는 거네.

케미캔   맞아. 이것을 액화라고 불러. 기체의 온도가 내려가면 에너지가 줄어들어 액체로 변해. 그 상태 변화를 액화라고 하는 거야. 수증기의 경우 액화는 100도에서 일어나지.

이때는 주위로부터 열을 얻는 게 아니라 주위에 열을 방출해. 목욕탕에 가면 따뜻한 것도 액화 때문이야.

케미큐브 잘 이해가 안 되는데?

케미캔 목욕탕에는 수증기가 가득 차 있어. 이 수증기들이 너희들 몸하고 부딪치면서 너희들 몸에 열을 주고 자신은 물방울이 되어 몸에 맺히는 거야. 열을 받은 너희들의 몸은 따뜻해지고, 열을 잃은 수증기는 물방울이 되는 거지.

케미큐브 이슬이 맺히는 것도 같은 원리야?

케미캔 맞아. 새벽에 온도가 내려가면 수증기가 차가운 풀잎에 부딪쳐 열을 빼앗기지. 그러면 물방울이 되어 풀잎에 맺히는 거야.

케미피어 물질의 상태 변화에 대해 모두 공부한 거네.

케미캔 그렇지 않아.

케미피어 고체에서 액체, 액체에서 기체, 기체에서 액체, 액체에서 고체. 모두 다 배웠잖아?

케미캔 어떤 물질은 액체 상태를 거치지 않고 곧바로 고체에서 기체로 변하거나 기체에서 고체로 변할 수 있어. 이러한 상태 변화를 승화라고 부르고, 이런 물질을 승화성 물질이라고 부르거든.

케미피어 성질 급한 친구들이군. 승화성 물질에는 어떤 게 있지?

케미캔 대표적인 게 드라이아이스_{순도가 높은 이산화 탄소를 압축·냉각하여 만}

• 무대에서 공연하는 아이돌 그룹. 무대 연출을 위해 드라이아이스가 나온다.

든 흰색의 고체야. 드라이아이스는 고체 상태의 이산화탄소야. 드라이아이스는 열을 받으면 액체 상태를 거치지 않고, 바로 기체인 이산화탄소로 변해.

케미피어 가수들 무대에 나올 때 나오는 연기가 드라이아이스인가? 그때 연기가 기체 상태의 이산화탄소인 거야?

케미캔 아니. 기체 상태의 이산화탄소는 우리 눈에 보이지 않아. 눈에 보이는 연기는 수증기야. 우리가 주변에서 쉽게 볼 수 있는 승화의 예는 서리야.

케미피어 겨울에 얼음처럼 유리창에 달라붙어 있는 거 말이지?

케미캔   겨울에 수증기가 유리창 주위를 얼씬거리다가 자꾸 충돌
        하면서 열을 아주 많이 빼앗겨. 그리고 고체인 얼음이 되
        어 달라붙게 되는 거지.

케미캔   자! 이제 웹툰!

오빠!
어떻게 마술을
부린 거야?

사이다 속에는 기체 이산화탄소가
녹아 있어. 여기에 건포도를 넣으면
건포도가 가라앉다가 이산화탄소
기포에 둘러싸여 밀도가 작아지면서
위로 올라가게 돼. 그러다가 건포도를
둘러싼 기포가 터지면 다시 건포도의
밀도가 커져 가라앉지.
그래서 건포도가
오르락 내리락
한 거야.

후후

다음에 올 땐
자릿세 준비하쇼.

ㅋㅋ

컵에 금이 다 갔네..
오늘 장사를 못해
어떻게 하나

반짝반짝!

제가 해결
할게요.

우유

오빠 이번에는 어떤
마술이야?

마술이 아니라 화학이야.
유리컵에 생기는 금은 내부의
열이 외부로 전달되지 못한
상태에서 내부가 팽창해
터지는 현상이야. 이때
우유에 컵을 넣고 끓이면
우유의 단백질이 금이 간 사이로
들어가 굳으면서 빈틈을
감쪽같이 메우지.

그건 나도 알아. 하지만 물이 끓기 위해서는 외부에서 열을 공급 해주어야 하는 것이 아닌가?

물론 그렇죠. 하지만 온도가 낮아져도 물이 끓을 수 있어요. 유자차가 들어있는 유리병의 뚜껑을 막고 병에 얼음을 대면 병 안의 기압이 낮아지면서 압력도 낮아져요. 물이 끓는다는 것은 증기의 압력이 외부의 압력과 같아지는 것을 의미하죠.

얼음에 의해 온도가 내려가면 압력이 낮아져 끓는점이 내려가기 때문에 식은 유자차가 다시 끓는 거예요. 산 위에 올라가면 밥이 설익는 것도 같은 이치예요. 높은 곳에 올라가면 기압이 낮아져 낮은 온도에서 물이 끓으니까 쌀이 잘 익지 않는 거죠.

우와~

우와 ─ 이게 우리 집이야!

우린 이제 부자다.

6 산과 염기

케미피어　　박사님이 또 어떤 미션을 주실까?

케미캔　　　그걸 알고 싶어? 지금 바로 가상현실 속으로 이동하자.

케미큐브　　어떤 가상현실을 말하는 거야?

케미캔　　　스토리는 내가 만들었어. 우리는 중세 시대로 갈 거야. 가
　　　　　　서 날리지 왕의 아들 필로를 지켜야 해. 그게 바로 이번
　　　　　　미션이거든.

케미피어　　정말? 재미있겠어.

케미큐브　　이번에는 나도 약간 설레는데. 중세 시대라? 흥미로워.

케미캔　　　그렇지? 이제 정말 출발하자.

나에게는 아들이 하나 있다. 이름은 필로다. 필로의 엄마는 죽었다. 얼마 전 수소문 끝에 드디어 필로를 만났다. 나는 그에게 왕위를 계승한다는 자필 편지를 건네 주었다. 필로를 찾아 왕위를 계승하게 하라.

비상은 비소와 황의 혼합물이에요.
은수저가 비상을 만나면 비상 속
황과 은이 반응하여 황화은이
만들어 지지요.
황화은이 검은색이기 때문에 은수저가
검게 변한 거예요. 비소는 인체에
엄청 해운은 독이기 때문에
전하가 이 커피를 마셨다면...

메야!

포이즌 백작과
어리바리스를
체포하라!

칫!

포이즌 백작과
어리바리스의 반역
사건에 대한 재판을
시작합니다.

두-둥

나는 반역자가 아닙니다. 그리고 저기
앉아 있는 사람은 날리지 왕의 후계자가
아니오. 그가 후계자라면 왕의 친필편지가
있어야 하오. 하지만 그가 가지고 있는
편지는 흰 종이일 뿐이오.

왁!왁!

읅소!

헉!
진짜 백지야!

깨끗-

헉!

이 일을 어찌
할꼬

케미피어!
저 종이의 냄새를
맡아봐

OK!

백지
유언장이라니

케미캔	산과 염기에 대해 공부해 봐야 해.
케미피어	산과 바다 아니야?
케미캔	썰렁하긴.
케미피어	아재 개그.
케미캔	레몬이나 식초와 같이 신맛을 내는 음식에는 산이 들어 있어. 산은 신맛이나 역겨운 냄새가 나지. 이런 물질을 산성 물질이라고 불러. 산성 물질에는 염산, 황산, 초산, 탄산 같은 것들이 있어.
케미큐브	단어 끝에 산이 붙는구나.
케미피어	식초도 신맛이 나잖아. 산성 물질이야?
케미캔	물론. 식초는 초산에 물을 타서 산성을 약하게 만든 거야. 그래서 사람이 먹을 수 있지. 하지만 초산은 산성이 강해서 그냥 먹으면 위험해.
케미큐브	먹을 수 있는 산성 물질이 또 있어?
케미캔	콜라나 사이다도 산성이야. 콜라나 사이다 속에는 탄산이라는 산성 물질이 들어 있거든. 하지만 약한 산성을 띠기 때문에 먹어도 돼.
케미피어	아하! 그래서 탄산음료라고 부르는구나.
케미캔	맞아. 강한 산성 물질에 쇳조각을 넣으면 위험해.
케미큐브	그건 왜지?
케미캔	금속과 산이 만나면 수소 기체가 발생하고 이때 열이 발

생하거든.

케미큐브 웹툰에서 빈 종이에 없던 글씨가 나타난 건 왜 그런 거야?

케미캔 편지를 레몬즙으로 썼기 때문이야. 레몬즙으로 글을 쓰면 마치 글자가 하나도 없는 빈 종이처럼 보여. 레몬즙이 투명하니까.

케미피어 그러면 편지를 촛불을 가져다 댔을 때 글자가 나타난 것은 왜 그런 거야?

케미캔 레몬즙에는 신맛을 내는 시트르산이라는 산성 물질이 들어 있어. 종이는 탄소와 수소, 산소로 구성된 셀룰로스 cellulose라는 물질로 이루어져 있고. 종이에 열을 가하면 시트르산이 셀룰로스로부터 물을 빼앗아가게 되는데, 이때 물을 빼앗긴 종이에는 탄소만 남아 글씨가 보이게 되는 거지.

케미큐브 재미있는 성질이네.

케미피어와 케미큐브 (동시에) 산성이 아닌 물질은 뭐라고 하지?

케미캔 산성과 반대가 되는 성질을 염기성이라고 불러. 비눗물, 암모니아수, 수산화나트륨 용액 같은 물질이 염기성 물질이지. 용액은 두 종류 이상의 물질이 고르게 섞여 있는 혼합물을 말해. 염기성 물질은 미끈거리는 성질이 있어. 하지만 산성도 염기성도 없는 물질도 있어. 그러한 물질을 중성 물질이라고 불러.

케미큐브 물질은 산성, 염기성, 중성의 세 가지로 나누어지겠구나.

케미캔 생선에서 비린내가 나는 것도 염기성과 관계있어.

케미큐브 어떻게?

케미캔 생선에서 비린내가 나는 것은 생선에 약한 염기성을 가진 아민aimine이라는 물질이 있기 때문이야.

케미큐브 용액이 산성인지 염기성인지 어떻게 구별하지?

케미캔 리트머스 종이를 이용하면 돼. 산성 용액에 푸른 리트머스 종이를 넣으면 붉은색으로 변하고, 염기성 용액에 붉은 리트머스 종이를 넣으면 푸르게 변하거든.

케미큐브 리트머스 종이는 일반 종이랑 달라?

케미캔 물론. 리트머스 종이는 바닷가 바위에서 자라는 나뭇가지 모양의 리트머스이끼^{Roccella tinctoria, 바닷가 바위 위에 모여 자라는 나뭇가지 모양의 지의류}로 만든 종이야. 리트머스 종이 말고도 산과 염기를 구별할 수 있어. 페놀프탈레인^{phenolphthalein, 페놀과 무수 프탈산을 축합시켜 만든 흰 고체} 용액을 이용하면 되거든. 페놀프탈레인 용액을 산성 용액에 넣으면 아무 변화가 없지만 염기성 용액에 넣으면 붉게 변해.

케미큐브 산성 물질과 염기성 물질을 섞으면 어떻게 되지?

케미캔 중성 물질을 만들 수 있어. 이렇게 산과 염기를 같은 농도로 섞어서 중성 물질을 만드는 것을 중화반응이라고 불러.

케미큐브 우리가 알 만한 중화반응의 예가 있어?

케미캔 물론. 산성 물질인 황산과 염기성 물질인 수산화나트륨을 섞어서 중화반응을 시키면 염화나트륨이 만들어져. 이게 바로 우리가 먹는 소금이야.

케미큐브 소금은 산성도 염기성도 아니네.

케미피어 생선 비린내는 염기성 물질인 아민 때문이라고 했잖아?

케미캔 응.

케미피어 그럼 아민이라는 염기성 물질을 중화반응시키면 비린내가 사라지겠네?

케미캔 맞아. 그래서 생선에 산성을 띤 레몬즙을 뿌리는 거야.

케미큐브 산성 물질이 금속을 녹일 수 있지?

케미캔 물론. 하지만 금을 녹일 때는 두 종류의 산성 물질을 섞은 용액을 사용해야 해. 이 용액은 질산과 염산을 1 대 3의 부피 비로 섞은 용액인데, 왕수라고 불러. 금은 왕수에만 녹아. 하지만 다른 금속은 황산이나 질산 같은 한 종류의 산성 물질에 녹지.

케미큐브 황산은 무시무시한 산성 물질인데 왜 만드는 거지?

케미캔 황산은 쓰임새가 많아. 그중에서도 가장 중요하게 쓰이는 곳은 비료를 만들 때야. 하지만 황산은 굉장히 위험한 용액이기 때문에 물로 희석하여 사용하지.

7 $\rangle$ 용해도

케미피어   이번에는 어떤 미션이지?

케미캔   용해도에 대해 자세히 알아보자.

케미큐브   용해도라고?

케미캔   응. 용해도.

케미큐브   정말 재미있을 것 같아.

케미피어   이번에도 가상현실로 가는 거야?

케미캔   글쎄 어떨 것 같아?

케미큐브   용해도에 대해 쉽게 알기 위해서는 가야 할 것 같은데.

케미캔   맞아. 이번에도 가상현실로 출발하자.

케미큐브	스토리가 정말 감동적이다.
케미피어	눈물이 나.
케미캔	내가 쓴 작품이지만 괜찮다. 오늘 주제인 용액의 성질에 대해서 만든 웹툰이야. 우선 용해에 대해 알아볼까?
케미큐브	용해?
케미캔	응. 용해란 고체나 기체 상태의 물질이 물 같은 액체에 녹는 것을 말해. 어떤 물질들은 물에 잘 녹고 어떤 물질들은 잘 녹지 않아. 그래서 화학자들은 어떤 물질이 얼마나 물에 잘 녹는지를 나타내기 위해서 용해도라는 것을 만들기도 했어.
케미큐브	용해도가 뭔데?
케미캔	물 100g에 녹을 수 있는 물질의 최대 양을 말하지. 물질의 용해도는 온도에 따라 달라져. 고체 상태의 물질을 물에 녹이는 경우, 온도가 높을수록 물에 더 잘 녹아. 질산칼륨은 0도일 때는 100g의 물에 13.3g 녹지만 100도의 물에서는 247g이 녹거든.
케미큐브	온도가 0도에서 100도로 변할 때 질산칼륨의 용해도가 13.3에서 247로 변하네. 엄청난 차이야.
케미피어	온도에 용해도가 달라지지 않는 물질도 있어?
케미캔	달라지지 않는 건 아니고, 용해도의 변화가 작은 물질이 있지. 소금의 용해도는 다른 물질의 용해도에 비해 적

게 변해. 20도 물에 100g 소금은 36g 녹고, 100도 물에는 39.1g 녹으니까 큰 차이는 없지.

케미큐브 20도에서 80도로 온도가 올라갔는데, 용해도는 36에서 39.1로. 질산칼륨에 비하면 거의 변하지 않았어.

케미피어 온도가 올라갈수록 용해도가 작아지는 것도 있어?

케미캔 물론이야. 석고는 온도가 높아질수록 용해도가 낮아져. 그리고 대부분의 기체 상태 물질은 온도가 높아질수록 용해도가 낮아져.

케미큐브 용해도 이상 물질을 많이 넣으면 어떻게 돼?

케미캔 용해도는 물질에 따라 다른데, 그 용해도보다 더 많은 양의 물질이 들어오면 용해도만큼만 녹고 나머지는 바닥에 가라앉아. 예를 들어, 온도가 20도일 때 설탕의 용해도는 204야. 그러니까 물 100g에 설탕 300g을 넣고 저으면 용해도 만큼인 204g은 녹지만 나머지 96g 설탕은 녹지 않고 바닥에 가라앉게 되는 거야.

케미큐브 결국 설탕을 많이 넣어 봐야 소용없는 거였군.

케미피어 용해도 만큼만 넣어야 하는 거였어.

케미캔 웹툰에서 백반으로 만든 목걸이도 용해도와 관계있어.

케미피어 어떻게?

케미캔 물질의 용해도는 온도에 따라 달라진다고 했지? 그러니까 백반 물에 녹는 양이 온도에 따라 달라.

케미큐브	온도가 높으면 용해도가 커지니까 많은 양의 백반이 녹고 온도가 낮으면 용해도가 작아져서 적은 양이 녹겠네.
케미캔	바로 그 성질을 이용한 거야. 비커에 뜨거운 물을 담은 다음에 백반을 녹여 용액을 만들어. 물이 뜨거우니까 백반은 많이 녹아 있을 수 있지. 그런 다음 비커 위에 나무젓가락을 놓고 털실을 감은 하트 모양의 철사를 실로 연결하여 백반 용액에 잠기게 해. 그다음에 비커를 스티로폼 통 속에 넣고 하루 동안 기다리면 철사에 백반 결정이 붙어서 반짝거리는 하트 목걸이가 만들어져.
케미피어	왜 백반이 철사에 달라붙지?
케미캔	하루가 지나면 뜨거운 물이 식잖아? 그럼 물의 온도가 낮아져서 녹을 수 있는 백반의 양이 줄어들어. 그럼 더 녹을 수 없는 백반이 털실을 감은 철사에 달라붙게 되는 거야. 이렇게 더 녹을 수 없는 물질이 결정이 되는 현상을 '재결정 방법'이라고 해. 그러니까 테리가 만든 목걸이는 백반의 재결정인 셈이야.
케미피어	정말 멋있어. 백반 가루가 이렇게 예쁜 하트 목걸이가 되다니.
케미큐브	도대체 뭘 한 거야?
케미캔	기체의 용해도와 압력과의 관계에 대한 실험.
케미피어	우리가 실험 대상? 그런데 사이다가 왜 분수처럼 솟구친

거지?

케미캔　사이다는 물속에 이산화탄소가 녹아 있는 음료야.

케미큐브　이산화탄소는 물에 잘 녹아?

케미캔　이산화탄소 같은 기체는 고체보다는 물에 잘 녹지 않아.

케미피어　그럼 어떻게 이산화탄소를 물에 녹이는 거지?

케미캔　만약에 사람이 가득 찬 작은 방에 들어가려면 다른 사람을 밀치고 들어가야 하지. 즉, 억지로 밀어 다른 사람을 밀착시키면 한정된 공간에 더 들어갈 수 있지. 물론 그러다 보면 비좁은 곳에 여러 명이 있어 사람들로부터 큰 압력을 받게 돼.

케미큐브　어떻게 억지로 밀어 넣지?

케미캔　압력을 높이는 거야. 압력이 높으면 기체가 위로 올라가지 못하고 물속에 남아 있게 되니까 물에 녹을 수 있어.

이렇게 사이다나 콜라를 만들 때는 높은 압력에서 이산화탄소를 물속에 녹여 뚜껑으로 막아 놓지.

케미피어 뚜껑을 열면 어떻게 되는데?

케미캔 뚜껑을 열면 캔 속의 압력이 외부 압력과 같아져 낮아지지. 마치 비좁은 방에 억지로 많은 사람을 가두어 두었다가 문을 열면 사람들이 튀어나오는 것처럼 말이야.

케미큐브 사이다 캔을 흔들면 더 많은 이산화탄소가 튀어나와?

케미캔 물론이지. 캔을 흔들면 사이다를 이루는 알갱이들의 운동이 활발해져서 온도가 올라가. 기체의 용해도는 고체의 용해도와는 달리 온도가 올라가면 낮아져. 그러니까 온도가 올라간 사이다 속에 녹을 수 있는 이산화탄소의 양이 줄어드니까 녹지 못한 이산화탄소가 빠르게 밖으로 튀어 나가지. 이때 물을 비롯한 다른 내용물도 함께 튀어 나가게 돼.

케미큐브 앞으로 사이다 캔을 흔들지 말아야겠어.

<big>8</big> | # 크로마토그래피

케미캔   오늘은 두 개 이상의 물질이 한데 섞여 있을 때 분리하는
것에 대해 알아볼 거야. 간단하게 흙탕물에서 맑은 물을
얻는 법이지.

게미큐브	우와! 맑은 물이야.
게미피어	어떻게 된 거야?
게미캔	물과 흙은 알갱이(입자) 크기가 달라. 알갱이 크기가 작은 물은 거름종이를 통과할 수 있지만 알갱이 크기가 큰 흙은 통과하지 못하지. 그래서 흙이 거름종이에 걸러지고, 물만 바닥에 고이게 되는 거야.
게미큐브	이런 장치만 있으면 마실 물이 없더라도 문제없겠어.
게미캔	그렇겠지?
게미큐브	응.
게미캔	이런 원리만 잘 기억하고 있으면 산에서 조난을 당하는 등 위기 상황에 닥쳤을 때 당황하지 않고, 생존할 수 있지.
게미피어	또 다른 예는 없어?
게미캔	더 궁금한 게 생겼어?
게미큐브	나도 호기심이 생겼어.
게미캔	다음 웹툰을 볼까?
게미큐브	어떤 웹툰인데?
게미캔	보면 알지. 너희도 좋아할 거야.

케미피어	로빈손이 바닷물을 이용해 물을 만들었네.
케미캔	증발을 이용한 거야. 바닷물 속에 소금이 용해되어 있잖아? 이때 바닷물에 열을 가하면 물은 증발해 위로 날아가고 소금만 남게 돼. 이 방법을 이용하면 바닷물에서 소금을 만들 수 있어. 이때 증발된 물은 비닐 덮개에 맺힌 물방울이 되는데, 마실 수 있는 물이지.
케미캔	이번에는 밀도를 이용해서 두 액체를 분리하는 방법을 알아볼게.
케미큐브	밀도는 질량을 부피로 나눈 것을 말하지.
케미캔	물보다 밀도가 작은 물체는 물에 뜨고, 물보다 밀도가 큰 물체는 물에 가라앉아. 이 성질을 이용하면 밀도가 다른 두 액체를 분리할 수 있어.
케미피어	어떻게?.
케미캔	물에 기름을 부었다고 해 봐. 물과 기름은 서로 섞이지 않거든. 또 기름의 밀도가 물보다 작아. 그래서 기름은 위에 뜨고 물은 바닥에 가라앉게 돼. 자연스럽게 물과 기름이 분리되는 거야.
케미큐브	위에 있는 기름만 걸어 내면 맑은 물이 되겠군.
케미캔	맞아. 이번에는 끓는점을 이용해서 분리하는 방법을 알려 줄게. 이 방법은 석유를 정제할 때 사용해.
케미피어	석유를 정제한다는 게 뭐지?

케미캔	원유를 증류해서 각종 석유 제품을 제조하는 것을 말해. 이것을 정유라고도 불러.
케미큐브	어떻게 하는 거지?
케미캔	석유를 넣은 증류탑은 위로 올라갈수록 온도가 낮아져. 밑에서 가열하고, 위에서는 냉각시키니까. 가장 아래층은 끓는점이 가장 높은 기체도 기화될 수 있는 온도로 가열하지. 하지만 액화되어 있던 기체는 온도가 순차적으로 올라가고 끓는점이 낮은 기체부터 기화하고, 기화된 기체도 곧 가열되지. 이렇게 기체가 층별로 분리되는 것은 액화 때문이야. 기화는 끓는점이 낮은 것부터 일어나지만 액화는 온도를 낮추는 것이기 때문에 끓는점이 높은 것부터 일어나거든. 따라서 올라갈수록 온도가 낮아지면 아래층부터 위로 가면서 끓는점이 높은 것부터 순서대로 층을 이루어 분리돼. 그러니까 끓는점이 가장 높은 윤활유가 맨 위층에 생기고 그다음에는 경유, 등유, 휘발유, LPG 순서로 층이 생기면서 석유가 정제되는 거야.
케미큐브	그렇군.
케미캔	웹툰을 보면서 정리해 줄게.
케미큐브	꽤 복잡해 보이는데 웹툰으로 설명이 될까?
케미캔	그럼. 당연하지.
케미피어	웹툰 큐!

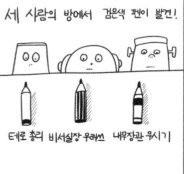

118개 원소 신비한 물질 탐험 이야기

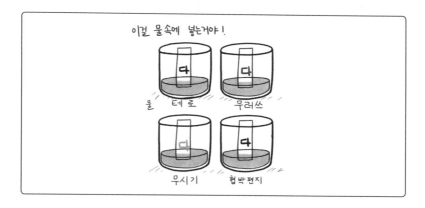

게미큐브   크로마토그래피?

게미캔   크로마토그래피는 물질 속 색소를 분리하는 방법이야. 1906년 러시아의 츠베트^{Mikhail Tsvet}가 발견했어. 이 방법은 식물의 다양한 색소를 분리하는 데 처음 사용되었어.

게미큐브   이름이 어렵네.

게미캔   크로마토^{chromato}는 색이라는 뜻이야. 츠베트의 연구는 사람들에게 잘 알려지지 않다가 1940년대에 크로마토그래피를 이용한 분리 방법이 연구되었어. 마틴^{Archer Martin}과 싱^{Richard Synge}이 이 연구로 1952년 노벨화학상을 받아. 크로마토그래피는 잉크, 엽록소, 당분, 혈액처럼 성질이 비슷한 여러 물질이 섞여 있을 때 각 물질을 분리할 수 있는 좋은 방법이야.

게미큐브   츠베트는 노벨상을 못 받아?

게미캔   물론. 츠베트는 이미 고인이었거든. 노벨상은 죽은 사람에게는 수여하지 않는 게 원칙이야.

게미큐브   안타깝다.

게미캔   하지만 크로마토그래피의 창시자로 과학 역사에는 남았잖아.

게미피어   그렇군.

게미큐브   그런데 테로의 글씨와 협박 편지가 같은 높이까지 올라간 거지?

케미캔	검은색 잉크로 종이에 쓴 후 물에 담그면 여러 색깔의 잉크가 나타나. 검은 잉크 속에는 노랑, 빨강, 보라 등 여러 가지 색의 잉크가 섞여 있거든. 이때 잉크마다 종이를 타고 올라가는 속도가 달라. 보라색 잉크가 가장 빠르고 노란색 잉크가 가장 느리지. 그러니까 속도가 빠른 보라색 잉크가 더 높은 위치까지 올라가게 돼.
케미피어	왜 보라색 잉크의 속도가 빠른 거지?
케미캔	그건 종이에 얼마나 잘 달라붙는가와 관계가 있어. 종이에 잘 달라붙을수록 속도가 느려. 노란 잉크는 보라 잉크보다 종이에 잘 달라붙는 성질이 있어서 낮게 올라가지. 그러니까 같은 검은색 펜이라도 보라 잉크가 많이 섞일수록 잉크가 더 높이 올라가거든. 협박 편지와 테로의 펜이 같은 높이까지 잉크가 올라갔으니까 협박 편지는 테로의 펜으로 쓰인 거야.
케미피어	신기한 방법이군.

이화학박사　케미캔, 케미피어, 케미큐브 집합! 축하한다. 물질과 사
　　　　　귀는 미션을 통해 물질의 성질에 대한 학습을 마쳤으므
　　　　　로 너희들은 한 단계 더 업그레이드되었다. 이번에는 너
　　　　　희들이 전혀 본 적이 없는 신비의 물질들을 경험할 수 있
　　　　　는 기회를 주겠다.

케미캔　　신비의 물질이요?

이화학박사　우리가 주변에서 흔히 보는 물질의 성질과는 다른 신기
　　　　　한 성질을 가진 물질을 말하는 것이다. 이번 여행에서 너
　　　　　희들은 신기한 금속, 투명 물질, 초액체의 초유동 성질,
　　　　　재미있는 플라스틱, 풀러렌과 그래핀 같은 신기한 물질
　　　　　의 성질을 학습하게 된다.

케미캔　　너무 어려운 것 같아요.

이화학박사　용어들이 어렵기는 하지만, 너희들의 능력으로 이러한
　　　　　성질들을 이해할 수 있을 것이다. 그러기 위해서 너희들
　　　　　은 좀 더 재미있는 스토리를 만들어야 할 것이다.

케미피어　스토리라면 내가.

케미큐브 이번에는 내가 신선한 스토리를 만들고 싶어.

케미캔 화학 도사인 케미캔이 스토리를 만들어야지.

이화학 박사 하하하. 싸우지들 말고. 너희 셋이 힘을 합치면 최고의 스
토리를 만들 수 있을 거야.

1 〉 신기한 금속

케미캔	오늘은 금속에 대한 이야기를 해 볼 거야.
케미큐브	금속?
케미피어	이번에 박사님이 주신 미션인 거야?
케미캔	궁금하지?
케미피어	어떤 내용이 나올지 정말 궁금해.
케미큐브	이번에도 가상현실에 가는 거야?
케미캔	어떻게 하면 좋을까?
케미피어	난 가상현실보다 웹툰이 더 재미있던데.
케미큐브	그건 나도 마찬가지야.
케미캔	그래? 그럼 이번에는 웹툰을 보도록 하자. 웹툰 큐!

케미큐브	다이내믹했어. 그런데 연못에 뭘 던진 거야?
케미캔	신기한 금속을 이용했어.
케미큐브	어떤 금속?
케미캔	알칼리 금속이라고 부르는 것들이야. 리튬^{원자 기호 Li}, 나트륨^{원자 기호 Na}, 칼륨^{원자 기호 K}, 루비듐^{원소 기호 Rb} 같은 금속을 말해. 알칼리 금속은 물에 닿으면 빠르게 수소를 발생시켜. 그렇게 생성된 수소는 공기 중에 있는 산소를 만나 폭발하는 성질이 있지.
케미큐브	그럼 아까 알칼리 금속을 연못에 던진 거야?
케미캔	그렇지. 내가 사용한 알칼리 금속은 나트륨이야.
케미피어	나트륨은 소금이잖아?
케미캔	그렇지 않아. 소금은 나트륨과 염소가 결합한 염화나트륨이라는 화합물이야.
케미큐브	그러면 왜 네 설명대로 바로 폭발하지 않고, 공주를 구출한 후에 터진 거지?
케미캔	아마 나트륨을 던졌다면 공주뿐 아니라 나도 위험했을 거야. 그래서 폭발 시간을 늦추기 위해 장치를 해 두었지. 금속 나트륨을 탄산나트륨 막으로 감싼 거야.
케미큐브	그러면 천천히 폭발해?
케미캔	탄산나트륨은 나트륨과 달리 물과 만나도 폭발하지 않아. 하지만 탄산나트륨은 물에 금방 녹는 성질이 있지. 즉

탄산나트륨 막이 다 녹은 후 속에 있던 나트륨이 물과 만나면 순식간에 폭발하지. 공주의 밧줄을 풀 시간을 벌기 위해 그런 장치를 한 거야.

케미큐브 그런데 왜 이 금속들을 알칼리 금속이라고 부르는 거지?

케미캔 이 금속들은 물에 잘 녹아 수산화리튬, 수산화나트륨 같은 수산화물을 만드는 데, 이들이 물에 녹으면 강한 알칼리성(염기성)을 띠기 때문이야.

케미큐브 아까 노란 연기가 발생하던데 그건 왜지?

케미캔 알칼리 금속이 물을 만나면 고유의 색깔을 띤 연기가 발생해. 리튬은 붉은색, 나트륨은 노란색, 칼륨은 보라색 연기를 내지.

케미큐브 아하!

케미피어 그런데 궁금한 게 있어.

케미캔 뭐가?

케미피어 최초로 발견된 금속은 철이야?

케미캔 아니. 구리야. 구리는 동광석이라는 돌 속에 들어 있어. 고대 이집트 사람들은 눈에 사악한 게 들어가지 않도록 하기 위해서나, 벌레가 눈에 들어가는 것을 막기 위해 동광석 가루를 눈에 바르는 것이 유행이기도 했어.

케미캔 그러던 어느 날 한 사람이 실수로 동광석 가루가 담긴 통을 불 속에 떨어트렸어. 그런데 불 속에서 번쩍번쩍 빛

• 구리 가루를 바르고 벌레를 피하는 고대 이집트 사람들.

이 났지. 불을 끄고 보니 그곳에는 구리 덩어리가 있었어.
즉, 동광석 가루 속 구리가 녹아 동광석에서 빠져나왔다
가 굳은 순순한 구리 금속이었지. 이것이 바로 최초의 금
속 발견이야.

케미큐브 처음 사람들이 사용한 도구는 구리로 만들었겠네.

케미캔 아주 오래전 인간은 돌을 이용하여 도구를 만들었는데,
그 시대를 석기시대라고 불러. 하지만 돌로 만든 도구는
쉽게 부서지거나 깨지는 단점이 있었지. 그러다가 사람
들은 금속을 이용하여 도구를 만들게 되었는데 최초로

• 석기시대 사람들은 돌칼로 질긴 동물 가죽을 자른다. 청동기시대 사람들은 청동 칼로 쉽게 가죽을 자른다.

사용한 금속은 두 종류의 서로 다른 금속이 섞인 합금이었어. 이렇게 만들어진 최초의 합금이 바로 청동인데 청동은 구리와 주석이 섞인 거야. 이렇게 청동을 이용하여 도구를 만들어 사용한 시대를 청동기시대라고 불러.

케미피어 왜 구리로 도구를 만들지 않고, 구리와 주석의 합금인 청동을 사용했지?

케미캔 구리가 단단하지 않아 잘 구부러지기 때문에 칼이나 그릇 같은 것을 만들기에 적당하지 않아서야. 반면 구리와 주석을 섞어 만든 청동은 푸른빛을 띠며 구리와 주석보다 낮은 온도에서도 잘 녹아 다루기가 쉽고, 식으면 훨씬 단단하거든.

케미큐브 그렇군.

케미피어 궁금한 게 또 있어.

케미캔 뭐?

케미피어 금속은 모두 자석이야?

케미캔 자석에 달라붙는 성질을 자성, 그러한 성질을 가진 물체를 자성체라고 불러. 그런데 알루미늄은 자성이 없어. 그러니까 자석에 달라붙지 않아. 자성을 가진 대표적인 물질은 철, 코발트^{원자 기호 Co}, 니켈^{원자 기호 Ni}, 네오디뮴^{원자 기호 Nd}과 같은 금속들이야.

케미큐브 네오디뮴?

• 붙어 있는 두 개의 네오디뮴 자석을 삼총사가 떼어 보려고 하지만 실패한다.

케미캔	네오디뮴은 은백색의 무른 금속인데 이 세상에서 가장 강한 자석을 만들 수 있어.
케미큐브	네오디뮴만으로 만드는 거야?
케미캔	아니. 네오디뮴과 붕소_{원자 기호 B}, 그리고 철을 2:1:14로 섞어 만든 합금으로 만들어. 이 자석을 네오디뮴 자석이라고 불러.
케미큐브	네오디뮴 자석은 어디에 사용되지?
케미캔	이 자석은 가볍지만 자성이 아주 강해. 어린이들이 가지고 놀면 위험할 정도지. 잘못하면 뼈가 부러질 수도 있거든.
케미큐브	무시무시하네.

케미캔	그래서 네오디뮴 자석을 보관할 때는 두 자석 사이에 나무나 플라스틱 조각을 끼워. 그렇지 않으면 두 자석을 떼기 힘들거든.
케미큐브	네오디뮴 자석은 대체 어디에 쓰이지?
케미캔	네오디뮴 자석은 가볍고 자성이 강한 성질 때문에, 마이크와 스피커, 이어폰, 컴퓨터 하드디스크 등에 사용되고, 하이브리드 자동차와 전기 자동차의 모터, 항공기와 풍력 발전기 등 가볍고 부피가 작으면서 강한 자성이 필요한 기기에 사용돼.
케미피어	네오디뮴 자석의 약점은 없어?
케미캔	물론 있지. 자성이 너무 강하기 때문에 두 자석을 떼어 났다가 붙였을 때 큰 충격을 받아 자석이 깨질 수 있다는 거야. 그리고 열에 매우 민감해서 뜨거워지면 자성이 약해지지.

2 〉 모양을 기억하는 금속

케미캔   오늘은 신기한 금속 이야기 제2부야.

케미피어   네오디뮴 자석은 정말 신기했어.

케미큐브   맞아. 금속에 대해서는 이미 많이 알고 있다고 생각했었
                 는데. 그렇지 않았던 것 같아.

케미피어   난 자성을 띠는 금속이 그렇게 다양한지도 몰랐다니까.

케미캔   혹시 더 알고 싶은 금속이 있어?

케미피어   그럼 당연하지.

케미큐브   나도 마찬가지야.

케미캔   그래? 그럼 박사님이 주신 미션도 알아볼 겸, 웹툰을 볼까?

케미큐브   좋아. 오늘은 내가 외치겠어.

                 웹툰 큐!

송승 기술 연구소

흐음

컴퓨터를 누가 제일 마지막에 사용했죠?

글쎄요. 우린 수시로 사용했으니까, 누가 마지막에 사용했는지는 몰라요. 그리고 보안 유지를 위해, 6월 19일 오후 11시까지만 이 방을 사용하고. 그 이후에는 누구도 이 방에 출입하지 않았어요.

그런데 이상하군요. 우리가 조사한 바로는 6월 20일 새벽 1시에 자두폰 회사로 보낸 메일이 있습니다.

누가 보낸 메일이죠?

헉!

게스트 아이디로 보낸 메일이라 누가 보냈는지 알 수 없어요. 메일 내용은 바로 송승의 구겨지고펴지는 폰 개발 자료입니다. 이 메일을 보낸 사람이 범인입니다.

하지만 누가 보냈는지 알 수 없잖아요?

그렇습니다. 마우스에는 역시 세 사람의 지문이 모두 묻어 있네요.

그 외의 지문은 없습니다. 그러므로 범인은 세 사람 중 한 명입니다.

뜨헉!

미나   동식이   민준

이게 무슨 일이야!

OK!

케미피어! 마우스의 재질을 분석해줘

케미큐브   어떻게 마우스에 손자국이 생긴 거지?

케미캔   과학자들은 어떤 금속들이 모양이 변했다가 어떤 조건을 만족하게 되면 금속재료 자체가 갖는 원래의 형상을 기억해 내는 성질을 알아냈어.

케미큐브   형상?

케미피어   사물의 생긴 모양이나 상태를 형상이라고 해.

케미캔   과학자들은 금속이 원래의 형상을 기억해 내는 성질을 형상기억효과라고 부르고, 이러한 현상을 나타내는 금속을 형상기억합금이라고 불렀지.

케미피어   합금은 무슨 뜻이지?

케미캔   금속 여러 개가 섞여 있는 걸 말해. 이러한 형상기억효과를 만들어 내는 물질은 여러 개의 금속이 섞인 물질이거든.

케미큐브   좀 쉽게 '모양을 기억하는 합금'이라고 하지.

케미캔   동의! 아무튼 웹툰 속의 마우스는 형상기억합금으로 만들어진 특수한 마우스야.

케미큐브   어떻게 모양을 기억하지?

케미캔   과학자들은 어떤 온도에서 형상기억합금으로 만든 물체를 만들었어. 온도를 낮추니까 이 물체의 모양이 달라졌지. 그런데 다시 물체를 만들었을 때의 온도로 올려 주니까 물체가 원래의 모양을 되찾았어.

케미피어	우와! 물체가 자기가 만들어진 온도를 기억하는 거네.
케미캔	맞아. 신비의 물질이지. 웹툰에서 사용된 마우스는 형상기억합금으로 만든 마우스야. 이것은 사람의 체온에서 찰흙처럼 모양이 변해, 사람이 마우스를 편하게 쥘 수 있게 개발한 거야. 즉, 36.5도에서 찰흙처럼 사람의 손가락이 닿은 부분이 조금 파일 수 있게 한 거지. 그런데 사람 손이 마우스에서 벗어나면 마우스의 온도가 낮아지잖아. 그러면 사람의 손자국이 사라지고, 보통의 마우스 모양으로 변하게 설계된 거야. 그러니까 이 마우스를 36.5도의 온도로 올리면 마지막으로 이 마우스를 사용한 사람의 손자국 모양이 나타나지.
케미피어	정말 신기한 물질이야.
케미큐브	어떤 합금이 형상기억합금이지?
케미캔	1960년대 초 티탄^{원자 기호 Ti}과 니켈을 섞은 형상기억합금이 발견된 후 지금까지 20여 가지의 형상기억합금이 발견되었어. 이 중에서 가장 유명한 형상기억합금으로는 구리-아연-알루미늄, 구리-알루미늄-니켈, 티탄-니켈 합금 등이야. 자주 이용되는 티탄-니켈 합금은 티탄과 니켈이 약 1:1의 비율로 혼합된 합금인데, 니티놀^{nitinol}이라고 불러. 이 마우스는 니티놀로 만든 거야.
케미큐브	형상기억합금은 어디에 사용되는데?

케미캔	형상기억합금은 합금으로 일정한 모양을 만들고 나서 힘을 가해 전혀 다른 모양으로 변형시킨 후에 온도를 높이면 처음의 모양을 기억해서 그 모양으로 돌아가는 성질이 있어. 형상기억합금을 이용하면 대형 파라볼라 안테나를 접어서 달 표면으로 쉽게 운반하여 설치할 수 있지. 이때 150도 정도에서 제작한 안테나를 로켓의 실내 온도인 25도 정도에서 로켓에 싣기 쉬운 형태로 모양을 작게 접어 달까지 운반하고 달 표면에서 태양열에 의해 200도 가까지 온도가 올라가면 안테나가 순식간에 제작 당시 모양으로 펼쳐져. 그밖에도 가볍고 착용감이 편안하며 부식되거나 외부의 힘에 의해 모양이 변하지 않아 치열 교정용 와이어, 속옷용 와이어, 핸드폰 안테나, 안경테, 로봇의 관절 등에도 아주 유용하게 사용되고 있어.
케미큐브	정말 신기해!
케미캔	또 신기한 금속이 있어.
케미큐브	뭐지?
케미캔	수소저장합금.
케미피어	수소를 저장한 합금?
케미캔	맞아. 수소는 저장하기가 아주 어려운 기체야. 많은 양의 수소를 저장하기 위해서는 150기압 정도의 아주 큰 압력으로 압축해야 하거든. 이렇게 큰 압력으로 수소를 압축

하려면 비용이 많이 들어. 이 비용을 줄일 수 있는 획기적인 물질이 바로 수소저장합금이야. 수소저장합금은 물질 속에 수소를 저장해 둘 수 있는 능력을 가진 합금이야.

게미피어 저장해 둔 수소를 어떻게 꺼내 쓰지?

게미캔 열을 가하면 돼. 수소저장합금에 열을 가하면 물질 속에 저장되어 있던 수소가 물질 밖으로 빠져나오거든. 그러니까 수소저장합금을 이용하면 수소를 저장하는 비용을 크게 줄일 수 있어. 최초의 수소저장합금은 1960년대 후반 네덜란드 필립사가 개발한 란탄^{원자 기호 La}과 니켈의 합금이야. 그 후 티탄과 철의 합금, 마그네슘^{원자 기호 Mg}과 니켈의 합금, 티탄과 망간^{원자 기호 Mn}의 합금들로도 수소저장합금을 만들었지.

게미피어 수소를 얼마나 저장할 수 있는데?

게미캔 마그네슘과 니켈을 섞어 만든 수소저장합금 100g 속에 수소 8ℓ를 저장할 수 있어.

게미피어 엄청나네.

게미큐브 수소저장합금은 어디에 사용되는 거야?

게미캔 수소 자동차에 사용돼. 수소 자동차는 휘발유 대신 수소저장합금에 저장된 수소를 연료로 사용하지. 우리나라는 1993년 최초의 수소 자동차 '성균 1호'가 개발되었어. 하지만 현재까지 개발된 수소저장합금은 너무 무거워서 과학자들은 좀 더 가벼우면서 많은 양의 수소를 저장할 수 있는 합금을 찾고 있어.

케미피어 또 사용되는 곳이 있어?

케미캔 새로운 에어컨이나 냉장고를 만들 수 있어. 수소저장합금의 압력을 낮추면, 저장하고 있던 수소를 방출하면서 주위의 열을 흡수해. 그래서 주위의 온도가 낮아 지지. 이 방법을 활용하면 온도를 영하 30도까지 낮출 수 있어.

케미피어 지금 사용하는 에어컨이나 냉장고로도 충분하잖아?

케미캔 현재 사용하는 에어컨이나 냉장고는 프레온가스Freon gas를 사용해. 프레온가스는 대기권 위로 올라가 오존층에 있는 오존을 파괴해. 오존층의 오존은 태양으로부터 오는 강한 자외선을 흡수해서 지구에 강한 자외선이 직접 도달하는 것을 막아 주는 역할을 하거든. 그러니까 프레온가스 때문에 오존층에 있는 오존의 양이 줄어들면 지구가 강한 자외선으로부터 안전할 수 없게 돼. 수소저장합금은 그 문제를 해결하기 위한 가장 중요한 발명품이야. 이 세상의 모든 에어컨과 냉장고에 프레온가스 대신 수소저장합금을 사용하면 프레온가스 배출량이 줄어들어 지구의 소중한 오존층을 지킬 수 있어.

케미큐브 지구의 미래를 위해 수소저장합금이 꼭 필요한 거였구나.

3 〉투명 물질

케미캔	자! 오늘 웹툰은 투명 인간에 관한 거야.
케미큐브	정말? 투명 인간이라고?
케미피어	과연 어떤 이야기가 나올까?
케미캔	기대해도 좋을 거야.
케미큐브	응.
케미피어	투명 인간이 설마 악당은 아니겠지?
케미캔	글쎄. 웹툰을 보면 알게 되겠지.
케미피어	악당이 아니었으면 좋겠다. 큰일이 일어날지도 모르잖아.
케미큐브	걱정하지 마. 웹툰이잖아.
케미캔	그럼 시작한다. 웹툰 큐!

케미큐브　투명 인간영국 소설가 웰스가 1897년에 발표한 공상 과학 소설 속 주인공은 소설
　　　　　에나 등장하는 거지?

케미캔　　아니야. 최근 과학자들이 투명 망토 만드는 데 성공했어.

케미큐브　어떻게?

케미캔　　물체를 볼 수 있는 건 물체에서 반사된 빛이 우리 눈에 들
　　　　　어오기 때문이야.

케미큐브   유리창을 보면 밖이 보이잖아?

케미캔   그건 유리창이 투명하기 때문이야. 이때 유리창으로 들어간 빛은 약간 반사되지만 대부분 유리창을 그냥 통과하거든. 그래서 유리창 밖으로 나간 빛이 나무에 반사되어 다시 유리창을 통해 네 눈으로 들어오면 나무를 볼 수 있는 거야.

케미큐브   그럼 투명 망토는 유리로 만들었어?

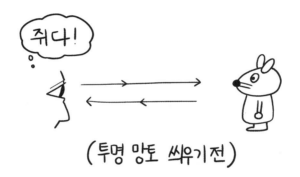

(투명 망토 씌우기전)

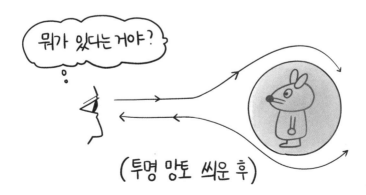

(투명 망토 씌운 후)

케미캔	아니. 메타물질^{Metamaterial}이라는 신기한 것으로 만들어. 메타물질은 금속과 유리섬유를 이용해서 만들어.

케미캔 아니. 메타물질Metamaterial이라는 신기한 것으로 만들어. 메타물질은 금속과 유리섬유를 이용해서 만들어.

케미큐브 그럼 왜 안 보이는 거지?

케미캔 물체에 빛을 쏘면 물체에서 빛이 반사되어 너의 눈에 들어가서 물체가 보이게 돼. 하지만 메타물질로 만든 투명 망토를 물체에 씌우면 빛이 메타물질을 휘어 감듯이 꺾여 지나가거든. 그러니까 물체에 빛이 도달하지 않아.

케미피어 투명 망토를 씌우면 물체에 빛이 닿지 않으니까 물체를 볼 수 없는 거네.

케미큐브 투명 망토를 쓰면 투명 인간이 되는군.

케미캔 맞아. 2006년 영국 임페리얼 대학교의 데이비드 스미스David Smith 교수와 존 펜드리John Pendry 교수가 처음으로 메타물질을 이용해 투명 망토를 만들었어. 지금은 우리나라에서도 많은 과학자들이 메타물질을 연구하고 있어.

케미피어 투명 망토를 씌우면 물체에 빛이 도달하지 않잖아?

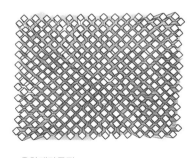

•음향메타물질

케미캔 당연하지.

케미피어 소리가 도달하지 않게 하는 망토는 없어?

케미캔 있어. 소리는 음파라는

이름의 파동이야. 음파가 물체에 도달하지 못하게 만드는 물질을 음향메타물질이라고 불러. 음향메타물질은 금속판을 이용해서 와플 모양으로 만든 형태야.

케미큐브   음향메타물질은 어디에 쓰여?

케미캔   그건 웹툰으로 보자고.

케미캔   웹툰에서처럼, 음향메타물질로 잠수함 표면을 만들면, 적군의 배가 잠수함을 발견할 수 없어.

케미큐브   그건 왜지?

케미캔   배가 물속에 있는 물체를 확인할 때는 음파(소리)를 사용해. 음파를 물체에 쏜 후 반사된 음파가 배에 도달하는 것을 통해 물속에 어떤 물체가 있다는 것을 알게 되지. 하지만 배에서 쏜 음파가 음향메타물질로 만들어진 잠수함에 도달하면 반사되지 않고 꺾여 휘어지게 돼. 결국 음파가 배로 되돌아가지 않기 때문에 잠수함이 없다고 판단하게 되는 거지.

초유동과 초전도

케미큐브	오늘 미션은 뭐야?
케미피어	마술과 관련된 거야.
케미큐브	마술? 불 쇼나 이런 걸 말하는 건가?
케미캔	그건 마술이 아니라 서커스지.
케미큐브	그런가…….
케미피어	박사님이 이번에는 또 어떤 미션을 주셨길래 웹툰에 마술이 나오는 거야?
케미캔	나도 이번에는 자세한 내용은 몰라.
케미피어	정말? 처음 있는 일인 것 같아. 너는 뭐든 다 알고 있는 줄 알았어.
케미캔	무슨 말이야. 박사님이 입력해 놓은 데이터 말고는 나도 다 학습을 통해 배우는 거라고.

케미큐브	케미캔! 세계 최고의 마술사가 된 걸 축하해.
케미캔	마술이라기보다는 과학의 힘이지.
케미피어	마술이 아니라 과학이라고?
케미캔	처음에 액체를 컵에 부었더니 액체가 컵 밖으로 나왔다가 다시 컵 안으로 들어가는 것을 반복하잖아? 내가 사용한 액체가 일반적이지 않아서 가능한 거야.
케미큐브	어떤 거야?
케미캔	초액체라고 불러. 보통의 인간에 비해 엄청난 능력을 가진 사람을 초인이라고 하잖아. 초액체는 보통의 액체로는 흉내 낼 수 없는 놀라운 능력이 있어서 그렇게 이름이 붙여졌지.
케미피어	그건 웹툰을 봐서 알겠어. 그런데 왜 초액체는 컵에서 나왔다가 들어갔다가를 반복할 수 있는 거지?
케미캔	내가 사용한 초액체는 헬륨의 액체 상태야.
케미큐브	헬륨은 기체잖아?
케미캔	온도가 아주 낮아지면 헬륨 기체는 액체로 변하지. 이때 다른 액체랑은 다른 성질을 가지는 초액체가 돼. 이것은 카피차^{Pyotr Leonidovich Kapitsa}라는 물리학자가 발견했고, 그는 이 업적으로 1978년에 노벨물리학상을 받았지. 초액체는 점성이 전혀 없어서 끈적이지 않지. 그러니까 컵과 마찰이 생기지 않아. 그래서 초액체는 컵을 타고 올라가 컵

밖으로 넘쳐도 다시 컵 안으로 들어갈 수 있는 거야.

케미큐브 보통의 액체는 점성이 있어서 컵과의 마찰이 생기게 되고, 그래서 컵을 타고 올라가 컵 밖으로 나가면 바닥으로 떨어지는구나.

케미캔 맞아. 잘 이해했어.

케미피어 주사위가 둥둥 떠 있는 마술은 그럼 어떻게 한 거야?

케미캔 그건 초전도물질 위에 주사위 모양의 자석을 올려놓았기 때문이야.

케미피어 이번에도 '초'가 들어가네.

케미큐브 초전도물질이 뭐지? 또 어떻게 만드는 거야?

케미캔 전도를 전류를 잘 통하는 성질이야. 일반적으로 도선을 따라 전류가 흐를 때 전기저항을 받게 되거든. 휴대전화를 충전할 때 전선이 뜨거워지는 게 전기저항 때문이야. 전기저항은 전류의 흐름을 방해하고, 전류가 가진 전기에너지를 열에너지로 바꾸거든. 그래서 전기저항이 큰 전기제품의 전선이 뜨거워지는 거야. 초전도물질은 전기저항이 거의 0이 되는 물질이야.

케미큐브 우와! 그럼 전류가 방해받지 않으니까 엄청나게 큰 전류가 흐를 수 있겠네.

케미캔 응. 금속을 아주 낮은 온도로 만들면 돼.

케미큐브 얼마나 낮은 온도가 되어야 하지?

케미캔	그건 금속에 따라 달라. 초전도물질은 1911년에 네덜란드의 물리학자 오네스^{Kamerlingh Onnes}가 액체 헬륨을 이용하여 고체 수은의 전기저항을 측정하는 실험을 하던 중 영하 268.8도에서 고체 수은의 전기저항이 0이 된다는 걸 발견했지. 이 업적으로 오네스는 1913년에 노벨물리학상을 받았어. 하지만 납은 영하 266도에서 전기저항이 0이 되지.
케미큐브	아무튼 엄청나게 낮은 온도에서 초전도물질이 되는군.
케미캔	맞아. 하지만 최근에는 훨씬 더 높은 온도에서 초전도물질이 되는 물질도 찾아냈어.
케미피어	초전도물질이 뭔지는 알겠어. 그럼 초전도물질 위에 자석을 올려놓으면 자석이 둥둥 뜨는 거야?
케미캔	물론이야. 이 현상은 1933년 독일의 물리학자 발터 마이스너^{Walther Meissner}가 처음 발견했기 때문에 '마이스너 효과'라고 불러. 나는 그걸 이용해서 마술 쇼를 한 거지.
케미피어	왜 그런 거지?
케미캔	과학자들은 초전도물질에 자석을 가까이 가져가면 자석을 밀치는 힘이 작용한다는 것을 알아냈어. 이 힘 때문에 초전도물질 위의 자석이 둥둥 떠 있게 된 거지.
케미큐브	정말 신기한 물질이네.

5 통통 튀는 플러버, 플라스틱

케미캔 오늘은 어떤 미션이 오면 좋을 것 같아?

케미큐브 글쎄. 잘 모르겠어. 박사님 마음 아닐까?

케미캔 그렇겠지.

케미피어 요즘 계속 물질에 대한 미션을 주셨었는데, 이번에도 그
렇지 않을까?

케미큐브 물질은 재미있는 것 같아.

케미캔 나도 그래.

케미피어 오랜만에 우리 셋의 의견이 일치했네.

케미캔 어떤 미션인지 정말 궁금하다. 바로 웹툰을 보는 게 어때?

케미큐브 난 좋아.

케미피어 나도 좋아. 웹툰 시작한다.

케미캔   오늘의 주제는 플라스틱이야.

케미큐브   플라스틱은 누가 발명한 거지?

케미캔   플라스틱은 1846년 스위스 바젤대학의 쇤바인Christian
          Friedrich Schönbein이 우연히 발명한 새로운 물질이야.

케미피어   우연히?

케미캔   화학자인 쇤바인은 질산과 황산을 증류하고 있던 플라스
          크를 실수로 바닥에 떨어트렸어. 쇤바인은 깜짝 놀라 무
          명으로 된 앞치마로 바닥에 흐른 액체를 닦아 낸 후 벗어
          서 한쪽 구석에 놓았어. 그런데 몇 시간 후에 놀라운 일이
          벌어진 거야.

케미피어   어떤 일인데?

케미캔   액체가 묻어 있는 부분이 투명하고 끈끈한 물질로 바뀌
          어 있었던 거지. 쇤바인이 잡아당기니까 그 물질이 껌처
          럼 길게 늘어났어. 그리고 시간이 좀 더 흐르자 더 이상
          모양이 변하지 않고 그 형태 그대로 단단하게 굳어 있었
          어. 이게 바로 최초의 플라스틱이야. 플라스틱은 나무나
          돌과 달리 여러 가지 모양으로 만들기 편리하고 가볍지.
          무엇보다 값이 싸서 음료수 용기나 장난감, 비닐봉지, 파
          이프 같은 것을 만들 때 사용해.

케미큐브   포이즌 백작과 어리바리스를 골탕 먹인 공은 다른 공과
          다른 거 같아.

케미캔	어떤 점이?
케미피어	굉장히 잘 튀는 거 같았어.
케미캔	맞아. 플러버라는 특수한 물질로 만들어서 그래.
케미큐브	플러버는 플라스틱하고 달라?
케미캔	플러버는 플라스틱과 고무영어로 러버, rubber의 합성어야. 플로버는 고무의 성질을 가지고 있어서 통통 잘 튀고, 따뜻해지면 모양을 여러 가지로 변하게 할 수 있는 플라스틱의 성질을 가지는 신기한 물질이야.
케미큐브	플러버를 어떻게 만드는데?
케미캔	간단하게 만들 수 있어. 일단 몇 가지 재료가 필요해. 붕산, PVA 가루, 여러 가지 색깔의 색소, 종이컵 여러 개와 액체의 부피를 잴 수 있는 메스실린더액체의 부피를 잴 수 있도록 만든, 눈금이 새겨진 원통형의 시험관.
케미피어	PVA는 뭐지?
케미캔	PVA는 폴리비닐알코올polyvinyl alcohol의 약자야. PVA는 흰색 가루인데 물에 녹는 성질을 가지고 있어. PVA 섬유는 편광필름이나 접착제 등에 사용되고, PVA 수용액을 종이의 표면에 코팅하면 종이의 표면이 훨씬 좋아지지.
케미큐브	아하!
케미캔	플러버 공을 만들려면 일단 메스실린더를 이용해 부피가 100㎖인 물을 준비해 종이컵에 붓고, 붕산을 티스푼으

로 두 스푼 정도 넣고 붉은 색소를 조금 넣은 후 저어 붕산 용액을 만들어야 해. 그리고 다른 종이컵에 PVA 가루를 넣고 종이컵의 5분의 1 정도 물을 부어 잘 녹이고, PVA 가루를 녹인 종이컵에 붕산 용액을 조금씩 부으면서 다시 저어야 해. 그리고 붉은색 덩어리가 젤리처럼 굳어졌을 때 덩어리를 손으로 건져내 그 후에 밀가루 반죽을 하듯 손으로 주물러 공 모양으로 만들면 플러버 공이 되는 거야.

6 탄소로 만드는 새로운 물질

케미캔   오늘은 탄소로 만드는 새로운 물질에 대한 이야기야.

케미피어   탄소라면 할 얘기가 정말 많을 것 같아.

케미큐브   정말? 탄소가 그렇게 대단한 거야?

케미캔   잘 모를 때는 웹툰이지. 웹툰 큐!

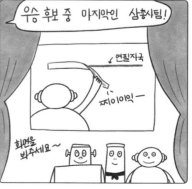

케미캔 오늘은 탄소로 이루어진 새로운 물질들에 대해 알아보는
시간이야.

케미피어 탄소는 지구에 있는 모든 생물을 구성하는 가장 핵심적
인 원소잖아? 석탄이나 석유와 같은 화석연료 속에도 탄
소가 포함되어 있고. 이들 화석연료는 탄소를 태웠을 때
나오는 에너지를 이용하거든.

케미큐브   탄소를 태우면 이산화탄소가 나오지?

케미캔   맞아.

케미큐브   궁금한 게 있어.

케미캔   뭔데?

케미큐브   연필심으로 사용하는 흑연과 보석의 왕이라고 부르는 다이아몬드는 모두 똑같은 탄소로 이루어져 있는데 왜 흑연은 검은색을 띠고 다이아몬드는 아름다운 광택을 가지고 있지?

케미캔   흑연과 다이아몬드 속의 탄소 원자들이 놓여 있는 모습이 다르기 때문이야. 다음 그림을 봐.

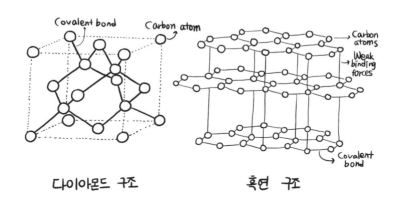

다이아몬드 구조   흑연 구조

왼쪽은 다이아몬드의 구조이고 오른쪽은 흑연의 구조야. 왼쪽 그림을 보면 하나의 탄소원자로부터 네 개의 선이 나오고, 그 선들이 네 개의 탄소 원자와 연결되어 있지? 이렇게 하나의 탄소 원자와 결합 된 네 개의 탄소 원자가 정사면체의 꼭짓점을 이루게 돼. 이 구조는 결합력이 강하기 때문에 쉽게 부서지지 않아. 그래서 다이아몬드가 단단한 거야.

반면에 흑연은 하나의 탄소 원자에서 나올 수 있는 네 개의 선 중 세 개의 선이 세 개의 탄소 원자와 연결되어 있어. 따라서 오른쪽 그림처럼 탄소 원자들이 정육각형이 이어진 벌집 모양을 이루게 되고, 나머지 하나의 선은 벌집 모양의 층을 연결하는 데 사용돼. 흑연의 이런 구조는 층과 층 사이의 결합력이 약하기 때문에 층 사이가 쉽게 떨어져.

케미큐브 아하! 그래서 흑연으로 이루어진 연필심이 쉽게 부러지는구나.

케미캔 맞아. 이러한 구조의 차이는 흑연과 다이아몬드의 색깔도 다르게 만들어. 흑연은 검은색을 띠고, 다이아몬드는 투명하고 아름다운 광택을 내지.

케미피어 다이아몬드와 흑연이 똑같이 탄소로 이루어져 있다면 흑연을 다이아몬드를 바꿀 수 있어?

케미캔 물론. 그게 바로 포이즌 백작이 만든 인공 다이아몬드야. 흑연이 다이아몬드가 되려면 아주 높은 압력을 받아야 해.

케미큐브	다이아몬드를 흑연으로 바꾼다고?
케미캔	물론이야. 그것은 바로 산소를 차단한 상태에서 다이아몬드를 2000도 이상의 온도로 가열하면 돼. 이 정도의 온도가 되면 다이아몬드는 검게 변하면서 흑연이 되지.
케미큐브	그렇게 할 바보는 없겠다.
케미피어	물론.
케미큐브	조기 축구 과학팀이 만든 건 뭐지?
케미캔	그건 바로 풀러렌Fullerene이라고 부르는 물질이야. 1985년 크로토Harold W. Kroto, 스몰리Richard E. Smalley와 컬Robert F. Curl이 탄소원자 60개로 이루어진 풀러렌을 발명했어. 이 물질은 60개의 탄소 원자들은 축구공 구조를 이루지. 세 과학자는 풀러렌의 발견으로 1996년 노벨화학상을 공동으로 수상했어.
케미피어	축구공 구조?
케미캔	축구공은 12개의 정오각형과 20개의 정육각형으로 이루어져 있고 꼭짓점의 개수는 60개야.
케미큐브	조기 축구회다운 연구군.
케미캔	세 과학자가 풀러렌을 발견한 후 독일의 크레치머V. Kretsch-mer와 동료 과학자인 미국의 허프먼Donald Huffman이 풀러렌을 생산하는 간단한 방법을 알아냈어. 그들은 3000도 정도의 아크 용광로에서 흑연을 기화시켜서 그을음을 만들

• 빈 바구니형 구조를 한 탄소 분자들을 이른다. 가장 흔한 분자는
60개의 탄소가 축구공 모양을 하고 있다.

어 냈지. 그 후 조사한 결과 그을음 속에는 약 20% 정도
의 풀러렌이 들어 있었어.

케미큐브   풀러렌은 어떤 장점이 있지?

케미캔   풀러렌은 매우 안정된 구조를 가지고 있어서 높은 압력과
높은 온도를 견딜 수 있는 물질이야. 풀러렌 자체는 고체
상태에서는 전기가 통하지 않는 물질이지. 하지만 풀러렌
과 칼륨 화합물은 영하 255도에서 초전도 성질을 가져.

케미피어   우리를 우승하게 만들어 준 그래핀은 어떤 물질이지?

케미캔   흑연은 벌집 모양의 구조가 여러 층으로 되어 있잖아. 여
기서 한 층만 뽑아내면 그것이 바로 그래핀이야.

케미큐브   그 한 층을 뽑아내려고 스카치테이프로 붙였다 뗐다를

반복했구나.

게미캔 맞아. 2004년, 영국 맨체스터대학의 가임^{Andre Geim}과 러시아의 노보셀로프^{Konstantin Novoselov}가 스카치테이프를 사용해 처음으로 흑연에서 그래핀을 분리해 냈어. 그리고 2010년 노벨물리학상을 수상했지.

게미큐브 한 장으로 그래핀을 만들면 뭐가 좋아지는데?

게미캔 그래핀은 벌집 그물구조 때문에 강철보다 100배나 강한 물질이 돼. 그리고 구리보다 100배 이상 전기를 잘 통하는 물질이 되지. 게다가 다이아몬드보다 열을 전달하는 능력이 훨씬 좋아져. 그래서 그래핀을 꿈의 물질이라고 불러.

게미큐브 스카치테이프가 위대한 일을 했군.

게미캔 그래핀은 전지를 만드는 데도 쓰여. 그래핀으로 만든 전지는 다른 전지들보다 수명이 길기 때문에 스마트폰이나 전기자동차의 전지로 사용되지.

게미큐브 정말 대단한 물질이군.

7 퀴리 부인과 방사능 물질

케미캔   이번에는 퀴리 부인 영화야.

영화 〈마담 퀴리 (Madam Curie)〉,
1994년 작품 리메이크

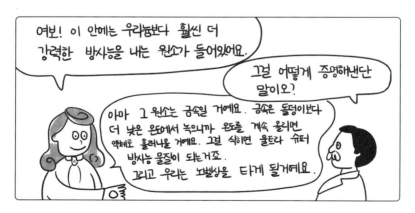

118개 원소 신비한 물질 탐험 이야기

케미큐브 방사선이 정확히 뭐지?

케미캔 빛이 투과하지 못하는 장애물을 투과할 수 있는 능력을
가진 빔을 방사선이라고 불러. 방사선에는 두 종류가 있
어. 인공방사선과 천연 방사선.

케미큐브 인공방사선이 뭔데?

케미캔 인공적인 장치를 이용해 만들어지는 방사선을 인공방사선

이라고 불러. 대표적인 인공방사선으로 엑스레이가 있어.

케미큐브 엑스레이는 어떻게 뼈가 부러졌는지 알 수 있는 거야?

케미캔 엑스레이는 투과력이 있는 방사선이야. 그런데 사람의 살은 부드러우니까 투과하지만 뼈는 단단해서 엑스레이도 투과하지 못하고 반사되지. 그래서 뼈는 보이고 살은 안 보여서 뼈에 금이 갔는지를 볼 수 있는 거야.

케미큐브 그럼 천연 방사선은?

케미캔 물질 스스로 투과력이 있는 방사선을 내는 물질을 방사능물질이라 부르고 이 빔을 천연 방사선이라고 불러.

케미큐브 아하! 퀴리 부인이 최초로 천연 방사선을 내는 물질을 찾은 거구나.

케미캔 그렇진 않아. 천연 방사능 물질을 처음 찾은 사람은 퀴리 부인의 스승인 베크렐Antoine Henri Becquere이야. 1896년 베크렐은 우라늄의 성질을 연구하고 있었어. 그런데 갑자기 출장을 가게 되어, 우라늄을 캐비닛 속에 넣어 두었지. 아무 생각 없이 베크렐은 우라늄을 인화지 위에 올려 두고 갔어.

케미큐브 그런데?

케미캔 출장에서 돌아온 베크렐이 인화지 위의 우라늄을 들어 올렸더니, 인화지가 뿌옇게 변해 있었던 거야. 그러니까 우라늄에서 알 수 없는 방사선이 나와서 인화지를 뿌옇게 만든 거지. 이렇게 천연 방사능 물질이 최초로 발견되

었지.

케미큐브   퀴리 부인이 한 실험은 뭔데?

케미캔   1897년 퀴리 부인과 그녀의 남편 피에르 퀴리는 베크렐의 실험을 다시 해 봤어. 그리고는 우라늄뿐 아니라 토륨thorium, 원자 기호 Th에서도 방사선이 나온다는 것을 알아냈어. 퀴리 부인은 어쩌면 방사능을 가진 새로운 물질이 있을지도 모른다고 생각했어. 그래서 많은 물질들의 방사능을 체크했지. 퀴리 부인은 우라늄을 포함하고 있는 피치블렌드pitchblende라는 광물이 강한 방사선을 낸다는 사실을 알아냈어.

케미큐브   우라늄은 새로운 물질이 아니잖아?

케미캔   물론이야. 그런데 피치블렌드에서 나오는 방사능이 이 광물에 포함된 우라늄에서 나오는 방사능과는 비교도 안 될 정도로 강했어. 퀴리 부인은 피치블렌드 속에 우라늄보다 훨씬 강한 방사선을 가진 물질이 있다고 믿었지. 그런 생각으로 그녀는 1t 정도의 피치블렌드로부터 아주 작은 양의 새로운 방사선 원소를 찾는 데 성공했어. 그녀는 그 새로운 원소를 라듐이라고 불렀지. 그 후 그녀는 피치블렌드 속에서 방사선을 내는 또 다른 새로운 원소를 발견했는데, 퀴리 부인은 이 물질의 이름을 조국인 폴란드를 따서 폴로늄polonium, 원자 기호 Po으로 불렀어. 퀴리 부인은

라듐과 폴로늄이라는 새로운 방사선 물질을 발견한 업적
으로 노벨물리학상과 노벨화학상을 받았어.

케미피어   대단하다.

원자력 발전

케미캔   오늘은 원자력 발전에 대한 이야기야.

케미큐브   원자력이 뭐지?

케미캔   먼저 웹툰을 보고 설명해 줄게.

                 웹툰 큐!

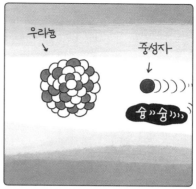

케미캔   오늘 우리가 공부할 얘기는 원자와 원자핵에 대한 거야.

케미큐브   모든 물질은 원자로 이루어져 있다고 배웠어.

케미캔   맞아. 원자는 원자핵과 전자로 이루어져 있어. 원자핵은
양의 전기를 띠고 있고, 전자는 음의 전기를 띠고 있지.
원자는 원자핵 주위를 전자들이 돌고 있는 모양이야.

케미큐브   원자핵 속에는 어떤 친구들이 살고 있는데?

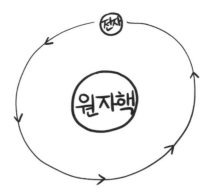

| 케미캔 | 좋은 질문이야. 원자핵 속에는 양의 전기를 띠고 있는 양성자와 전기를 띠고 있지 않은 중성자들이 살고 있어. 그런데 원자핵 속의 중성자를 이용하면 엄청난 에너지를 얻을 수 있어. |

케미캔 좋은 질문이야. 원자핵 속에는 양의 전기를 띠고 있는 양성자와 전기를 띠고 있지 않은 중성자들이 살고 있어. 그런데 원자핵 속의 중성자를 이용하면 엄청난 에너지를 얻을 수 있어.

케미큐브 웹툰에서처럼.

케미캔 물론이야. 베릴륨이라는 금속에 방사선을 쪼이면, 중성자들이 빠르게 튀어나와. 이 중성자들을 우라늄과 충돌시키면 중성자가 우라늄의 원자핵 속에 흡수되어 우라늄의 원자핵을 두 개로 쪼개. 이렇게 원자핵이 쪼개지는 걸 원자핵 분열 또는 핵분열이라고 불러.

케미큐브 그래서 웹툰에서 우라늄 원자핵이 바륨 원자핵과 크립톤 원자핵으로 쪼개졌군.

케미캔 맞아. 이렇게 우라늄 원자핵을 두 개의 다른 원자핵으로

쪼갠 후에 중성자 세 개가 빠르게 튀어나와. 이때 에너지가 발생해. 이 중성자들은 아직 쪼개어지지 않은 우라늄 원자핵을 쪼개러 가겠지. 이렇게 우라늄 원자핵들이 하나둘씩 쪼개지면서 중성자는 걷잡을 수 없을 정도로 많이 쏟아져 나오고 발생하는 에너지는 점점 커지게 되는 거야. 이것을 연쇄 핵분열이라고 불러.

케미큐브   그 에너지를 나쁜 곳에 이용한 게 원자폭탄이라는 무기구나.

케미캔   맞아. 하지만 이 엄청난 에너지를 좋은 곳에 사용할 수 있는데, 이것이 원자력 발전이야. 원자력 발전은 원자핵이 쪼개지는 과정을 천천히 일어나게 하면서 여기서 발생하는 에너지를 전기에너지를 바꾸어 발전하는 방식이야.

케미피어   어떻게 천천히 진행되게 하지?

게미캔   물속에서 이 과정이 일어나게 하는 거야. 물속에서는 중성자의 속도가 느려지거든. 그러니까 중성자가 원자핵을 둘로 쪼개는 과정이 천천히 일어나.

게미큐브   그렇군.

다음 세대를
위하여

이화학 박사 수고했다. 이로써 너희 삼총사는 우주에 대한 모든 미션
을 완수했다. 질문 있니?

케미캔 훌륭한 화학자가 되려면 어떻게 해야 하지요?

이화학 박사 화학은 물질의 새로운 성질을 찾거나, 새로운 물질을 발
견하는 학문이다. 그러므로 화학을 잘 하려면, 과학 실험
을 즐겨야 한다.

케미큐브 실험실에서 살아야겠군요.

이화학 박사 물론이다. 훌륭한 화학자는 실험실을 내 집처럼 여겨야
한다. 실제로 위대한 화학자들 중에는 실험실에 간이침
대를 놔두고 몇 날 며칠 동안 집에 들어가지 않고 실험에
집중한 사람도 있거든.

케미큐브 그건 내 체질인데.

케미피어   너는 잠만 잘 것 같은데.

이화학 박사   너희들에게 부탁하고 싶은 것이 있다.

케미캔   뭐죠?

이화학 박사   너희들이 방문한 대한민국에는 아직 노벨화학상 수상자가 없다. 옆 나라인 일본에는 여러 명의 노벨화학상 수상자가 있는데 말이다.

케미캔   저희가 노벨상을 타야 하나요?

이화학 박사   로봇은 노벨상을 탈 수 없다.

케미큐브   그러면 어떻게 하죠?

이화학 박사   너희들이 학습한 내용을 화학을 사랑하는 어린 꿈나무 화학자들에게 가르쳐라. 그래서 그들이 어른이 되어서 세계를 깜짝 놀라게 하는 화학자가 되어 노벨화학상을 받을 수 있도록 도움을 주어라.

케미캔   네. 우리 셋이 어린이 영재 화학 학교를 만들게요.

이화학 박사   오케이.

교과서 속 과학을 쉽게 알려주는 과학툰

118개 원소 신비한 물질 탐험 이야기

ⓒ 이화 · 정완상, 2022

초판 1쇄 인쇄 2022년 5월 19일
초판 1쇄 발행 2022년 5월 25일

그림　　이화
지은이　정완상

펴낸이　이성림
펴낸곳　성림북스

책임편집 황남상
디자인　북디자인 경놈

출판등록 2014년 9월 3일 제25100-2014-000054호
주소　　서울시 은평구 연서로3길 12-8, 502
대표전화 02-356-5762　**팩스** 02-356-5769
이메일　sunglimonebooks@naver.com

ISBN　　979-11-88762-56-9　(03400)